通用航空器维修工程师丛书

通用航空维修通识汇编

李飞　聂挺　主编

西南交通大学出版社
·成 都·

图书在版编目（CIP）数据

通用航空维修通识汇编 / 李飞，聂挺主编. —成都：西南交通大学出版社，2022.1
（通用航空器维修工程师丛书）
ISBN 978-7-5643-8459-3

Ⅰ. ①通… Ⅱ. ①李… ②聂… Ⅲ. ①航空器－维修 Ⅳ. ①V267

中国版本图书馆 CIP 数据核字（2021）第 257924 号

通用航空器维修工程师丛书

Tongyong Hangkong Weixiu Tongshi Huibian

通用航空维修通识汇编

李　飞　聂　挺／主编

责任编辑／何明飞
封面设计／GT 工作室

西南交通大学出版社出版发行
（四川省成都市金牛区二环路北一段 111 号西南交通大学创新大厦 21 楼　610031）
发行部电话：028-87600564　　028-87600533
网址：http://www.xnjdcbs.com
印刷：四川煤田地质制图印刷厂

成品尺寸　170 mm × 230 mm
印张　15　　字数　267 千
版次　2022 年 1 月第 1 版　　印次　2022 年 1 月第 1 次

书号　ISBN 978-7-5643-8459-3
定价　64.00 元

《通用航空维修通识汇编》

编审组

主　　编　李　飞　聂　挺

编写组成员　龙妍妍　罗　博　钱　伟　李双林
　　　　　　　骆　剑　王　鑫　陈柯旭

审核组成员　黄　欣　蒋志刚　李首庆　唐　喆

前 言

“十三五”时期，国家发改委、交通运输部、民航局等部门通过增加建设资金支持、减少私照培训限制条件、优化空域申报程序等专项政策，大力促进通用航空发展。截至 2021 年 3 月，国内通用航空机场达 532 个，通用航空器数量达 4 164 架，首次超过运输航空器数量，为民航通用航空和运输航空两翼齐飞奠定了基础。

通用航空器数量的快速增长，对国内通用航空运营人的维修保障提出了更高要求。当前中国民航在册的通用航空器，涵盖了 200 余种型号，其中六成航空器的总保有量在 10 架以下。相较于运输类航空器，通用航空器具有鲜明的自身特点：构造简单、大部分为铝合金机体、非增压座舱、设计依据最成熟的工业标准等。但正是因为通用航空器简单，其维修所使用的手册也编写得相对简单，部分内容甚至直接指引到航空器制造国民航管理机构提供的通用规范或行业标准。同时，受航空器总量的限制，除赛斯纳（Cessna）、欧洲直升机公司、巴西航空工业公司等知名通用航空器制造商在我国聘用了专职技术支援人员外，绝大多数航空器制造商在我国国内仅有商务人员，无法及时提供技术上的支持。因此，通用航空器的维修人员通常需要更为丰富的个人知识储备。

作为一名从事通用航空器维修十余年的从业人员，编者苦于缺少一本能汇集常用知识的书籍，能快速指引知识、迅速提高自己，并在碰到需要查阅的知识时能随手去使用。在阅读航空维修书籍过程中，*Standard Aircraft Handbook for Mechanics and Technicians* 和 *Aviation Mechanic Handbook* 这两本书给编者提供了灵感，借鉴这两本书的编写方式，编写团队梳理了中国民用航空维修的常用知识，将最常用知识汇编在一起，供读者使用。

本书第 1 章、第 2 章、第 4 章、附录 2 和第 6 章第 1 节至第 3 节由中国民用航空飞行学院李飞编写，第 3 章、第 9 章由中国民用航空飞行学院龙妍妍编写，第 5 章由中国民用航空飞行学院聂挺和中国邮政航空有限责任公司李双林编写，第 6 章第 4 节中国民用航空飞行学院钱伟编写，第 7 章由中国民用航空飞行学院李飞、罗博编写，第 8 章由山东航空股份有限公司骆剑编写，附录 1 由中国民用航空飞行学院陈柯旭和四川航空股份有限公司王鑫编写。李飞、聂挺完成统稿，黄欣、蒋志刚、李首庆、唐喆完成全文审核并提出修改建议。在此，向参与本书编写、修改和提供帮助的专家、同行表示衷心的感谢！

由于编者水平有限、时间仓促，不妥之处在所难免，恳请读者批评指正。

编 者

2021 年 10 月

目录

第 1 章
法律和规章

1.1　中国民用航空管理机构

中国民用航空管理机构及其下设机构见表 1.1 和表 1.2。

表 1.1　中国民用航空局内设机构

名称	英文全称	两字代码	下设处室
综合司	General office	GO	局长办公室 研究室 新闻信息处 政务督察处 秘书处 机要保密处 综合处
航空安全办公室	Office of Aviation Safety	AS	安全监察处 事故调查处 安全信息处
政策法规司	Department of Policies, Laws and Regulations	LR	政策处 法律事务处 法规处 体制改革办公室
发展规划司	Department of Planning	PL	规划处 统计处 投资处 价格处
财务司	Department of Finance	FI	预算管理处 资金管理处 机关财务处 审计监督处

续表

名称	英文全称	两字代码	下设处室
人教司	Department of Personnel, Science, Technology and Education	PE	机关人事处 直属人事处 编制工资处 培训教育处 科级处
国际司（港澳台办公室）	Department of International Affairs and Cooperation	IA	外事与国际组织处 国际关系一处 港澳台事务处 国际关系二处
运输司	Department of Air Transportation	TR	国内航空运输处 国际航空运输处 综合业务处 市场监管处 通用航空处
飞行标准司	Department of Flight Standard	FS	综合处 运输飞行标准处 通用飞行标准处 航务管理处 航空器评审处 持续适航维修处 民用航空卫生处
航空器适航审定司	Department of Aircraft Airworthiness Certification	AA	适航检查处 航空动力审定处 航空器审定处
机场司	Department of Airport	CA	综合处 安全处 建设处 标准资质处 工程监督处
空管行业管理办公室	Air Traffic Management Bureau	TM	综合处 空中交通管制处

续表

名称	英文全称	两字代码	下设处室
空管行业管理办公室	Air Traffic Management Bureau	TM	通信导航监视处（无线电管理委员会办公室） 安全处 航空气象处
公安局	Aviation Security Bureau	SB	办公室 政治部 空警总队综合处 空警总队财务处 空警总队勤务处 空警总队训练处 一处（空防安全处） 二处（安全检查处） 三处（治安消防刑侦处） 五处（情报信息处） 六处（航空保安法规标准处）

表 1.2　中国民用航空下设机构

地区管理局	机构所在地	辖区	派出机构
民航华北地区管理局	北京市	北京市 天津市 河北省 山西省 内蒙古自治区	民航北京[①]安全监督管理局 北京大兴国际机场安全监督管理局 民航天津安全监督管理局 民航河北安全监督管理局 民航山西安全监督管理局 民航内蒙古安全监督管理局
民航东北地区管理局	沈阳市	黑龙江省 吉林省 辽宁省	民航黑龙江安全监督管理局 民航吉林安全监督管理局 民航辽宁安全监督管理局 民航大连[②]安全监督管理局 佳木斯运行办

① 冠以省、自治区、直辖市名称的民航安全监督管理局负责本省、自治区、直辖市地域内（不含省内设有民航安全监督管理局/办公室的城市）民航企事业单位的安全监督和市场管理。

② 冠以城市名称的民航安全监督管理局/办公室负责本市地域内民航企事业单位的安全监督和市场管理。

续表

地区管理局	机构所在地	辖区	派出机构
民航华东地区管理局	上海市	上海市 江苏省 浙江省 山东省 安徽省 福建省 江西省	民航上海安全监督管理局 民航江苏安全监督管理局 民航浙江安全监督管理局 民航山东安全监督管理局 民航安徽安全监督管理局 民航福建安全监督管理局 民航江西安全监督管理局 民航厦门安全监督管理局 民航青岛安全监督管理局 民航温州安全监督管理局
民航中南地区管理局	广州市	河南省 湖北省 湖南省 广西壮族自治区 广东省 海南省	民航河南安全监督管理局 民航湖北安全监督管理局 民航湖南安全监督管理局 民航广西安全监督管理局 民航海南安全监督管理局 民航广东安全监督管理局 民航深圳安全监督管理局 民航桂林安全监督管理局 民航三亚安全监督管理局
民航西南地区管理局	成都市	云南省 四川省 重庆市 贵州省 西藏自治区①	民航四川安全监督管理局 民航重庆安全监督管理局 民航贵州安全监督管理局 民航云南安全监督管理局 民航丽江安全监督管理局 民航西藏自治区管理局

① 按照民航发〔2010〕43号文《关于印发中国民用航空西南地区管理局及其派出的安全监督管理局内设机构主要职责和人员编制方案的通知》规定，保留民航西藏自治区管理局，其机构规格为正司局级，隶属民航西南地区管理局管理，负责辖区内的民用航空事务，并管理西藏自治区内的民用机场。

续表

地区管理局	机构所在地	辖区	派出机构
民航西北地区管理局	西安市	陕西省	民航陕西安全监督管理局
		甘肃省	民航甘肃安全监督管理局
		宁夏回族自治区	民航宁夏安全监督管理局
		青海省	民航青海安全监督管理局
民航新疆管理局	乌鲁木齐市	新疆维吾尔自治区	乌鲁木齐安全监督管理局 阿克苏运行办 喀什安全监督管理局

1.2 中国民航法律、行政法规、民航规章

中国民航法规体系分为三个层级，自上而下分别为法律、行政法规和民航规章，民航局还会发布咨询通告等规范性文件作为补充。

1.2.1 法律 1 部

《中华人民共和国民用航空法》

1.2.2 行政法规 27 部

1.《国务院、中央军委关于使用飞机进行人工降水问题的通知》

2.《国务院、中央军委关于加强机场地面安全措施的通知》

3.《国务院、中央军委批转空军、国家劳动总局、民航总局关于改革民航义务工役制的请示的通知》

4.《国务院、中央军委关于民航管理体制若干问题的决定》

5.《国务院批转民航总局、公安部关于组建民航公安机构的请示报告》

6.《国务院关于保障民用航空安全的通告》

7.《国务院批转中国民用航空局关于成立民用机场管理委员会的请示的通知》

8.《国务院关于加强交通运输安全工作的决定》

9.《国务院批转中国民用航空局关于加强民用航空安全管理意见的通知》

10.《国务院关于加强民用航空安全工作的通知》

11.《中华人民共和国飞行基本规则》

12.《国务院、中央军委关于修改〈中华人民共和国飞行基本规则〉的决定》

13.《外国民用航空器飞行管理规则》

14.《国务院、中央军委关于重新颁发关于保护机场净空的规定的通知》
15.《国务院关于加强民航安全工作的紧急通知》
16.《国务院关于促进民航业发展的若干意见》
17.《国务院办公厅关于印发促进民航业发展重点工作分工方案的通知》
18.《中华人民共和国民用航空器适航管理条例》
19.《中华人民共和国民用航空器国籍登记条例》
20.《中华人民共和国民用航空器权利登记条例》
21.《中华人民共和国民用航空安全保卫条例》
22.《民用机场管理条例》
23.《通用航空飞行管制条例》
24.《国内航空运输承运人赔偿责任限额规定》
25.《中华人民共和国搜寻援救民用航空器规定》
26.《民用航空运输不定期飞行管理暂行规定》
27.《国务院关于通用航空管理的暂行规定》
28.《关于军民合用机场使用管理的若干暂行规定》
29.《关于建设机场和合用机场审批程序的若干规定》
30.《国务院关于开办民用航空运输企业审批权限的暂行规定》
31.《国务院、中央军委关于使用飞机执行各项专业任务的规定》

1.2.3 民航规章共 15 编 400 部

第 1 编——行政程序规则（1～20 部）①

1～10 定义
12 中国民用航空总局规章制定程序规定②
13 民用航空行政检查工作规则
14 民用航空行政处罚实施办法
15 民用航空行政许可工作规则
17 民航行政机关行政赔偿办法
18 中国民用航空监察员管理规定
19 民航总局行政复议办法
20 关于修订和废止部分民用航空规章的决定

---

① 民航规章编号未连续编号，预留编号用于新增规章。

② 2008 年，原中国民用航空总局并入交通运输部后，更名为中国民用航空局。2008 年之前发布，2008 年之后未修订的规章，仍使用“中国民用航空总局”或“民航总局”。

第 2 编——航空器（21～59 部）

21 民用航空产品和零部件合格审定规定
23 正常类、实用类、特技类和通勤类飞机适航规定
25 运输类飞机适航标准
26 运输类飞机的持续适航和安全改进规定
27 正常类旋翼航空器适航规定
29 运输类旋翼航空器适航规定
31 载人自由气球适航规定
33 航空发动机适航规定
34 涡轮发动机飞机燃油排泄和排气排出物规定
35 螺旋桨适航标准
36 航空器型号和适航合格审定噪声规定
37 民用航空材料、零部件和机载设备技术标准规定
39 民用航空器适航指令规定
43 维修和改装一般规则
45 民用航空器国籍登记规定
49 中华人民共和国民用航空器权利登记条例实施办法
53 民用航空用化学产品适航规定
55 民用航空油料适航规定

第 3 编——航空人员（60～70 部）

60 飞行模拟设备的鉴定和使用规则
61 民用航空器驾驶员合格审定规则
63 FS 民用航空器飞行机械员合格审定规则
65 FS 民用航空飞行签派员执照管理规则
65 TM-Ⅰ 民用航空电信人员执照管理规则
65 TM-Ⅱ 民用航空气象人员执照管理规则
65 TM-Ⅲ 民用航空情报员执照管理规则
65 TM-Ⅳ 民用航空情报培训管理规则
66 民用航空器维修人员执照管理规则
66 TM-Ⅰ 民用航空空中交通管制员执照管理规则
67 民用航空人员体检合格证管理规则
69 航空安全员合格审定规则
70 民用航空空中交通管制培训管理规则

第 4 编——空域、导航设施、空中交通规则和一般运行规则（71～120 部）

71 民用航空使用空域办法
73 民用航空预先飞行计划管理办法
83 民用航空空中交通管理运行单位安全管理规则
85 民用航空导航设备开放与运行管理规定
86 民用航空通信导航监视设备飞行校验管理规则
87 民用航空空中交通通信导航监视设备使用许可管理办法
91 一般运行和飞行规则
93 民用航空空中交通管理规则
97 民用机场飞行程序和运行最低标准管理规定
98 平行跑道同时仪表运行管理规定
115 民用航空通信导航监视工作规则
116 民用航空气象探测设施及探测环境管理办法
117 中国民用航空气象工作规则
118 中国民用航空无线电管理规定
119 外国航空运输企业不定期飞行经营许可细则

第 5 编——民用航空企业合格审定及运输（121～139 部）

121 大型飞机公共航空运输承运人运行合格审定规则
129 外国公共航空运输承运人运行合格审定规则
135 小型航空器商业运输运营人运行合格审定规则
137 民用机场专用设备管理规定
139 运输机场使用许可规定
139-Ⅱ 民用运输机场突发事件应急救援管理规则

第 6 编——学校、非航空人员及其他单位的合格审定及运行（140～149 部）

140 民用机场运行安全管理规定
141 民用航空器驾驶员学校合格审定规则
142 飞行训练中心合格审定规则
145 民用航空器维修单位合格审定规定
147 民用航空器维修培训机构合格审定规定

第 7 编——民用机场建设和管理（150～179 部）

158 民用机场建设管理规定
165 民航专业工程质量监督管理规定

175 民用航空情报工作规则

第 8 编——委任代表规则（180～189 部）

183AA 民用航空适航委任代表和委任单位代表管理规定

183FS 民用航空飞行标准委任代表和委任单位代表管理规定

183SE 中国民用航空计量技术委任代表和委任单位代表规定

第 9 编——航空保险（190～199 部）

第 10 编——综合调控规则（201～250）

201 公共航空运输企业经营许可规定

209 国内投资民用航空业规定

212 外国航空运输企业常驻代表机构审批管理办法

221 国际航空运输价格管理规定

229 民用航空企业及机场联合重组改制管理规定

241 民用航空统计管理规定

243 民用航空财经信息管理办法

246 民航企业安全保障财务考核办法

第 11 编——航空基金（251～270 部）

252 民用机场和民用航空器内禁止吸烟的规定

第 12 编——航空运输规则（271～325 部）

273《公共航空运输旅客服务管理规定》

274《中国民用航空货物国际运输规则》

275 中国民用航空货物国内运输规则

276 民用航空危险品运输管理规定

277 定期国际航空运输管理规定

285 非经营性通用航空登记管理规定

287 外国航空运输企业航线经营许可规定

289 中国民用航空国内航线经营许可规定

290 通用航空经营许可管理规定

300 航班正常管理规定

315 外国航空运输企业在中国境内指定的销售代理直接进入和使用外国计算机订座系统许可管理暂行规定

第 13 编——航空保安（326～355 部）

329 民用航空运输机场航空安全保卫规则

331 民用机场航空器活动区道路交通安全管理规则

332 公共航空旅客运输飞行中安全保卫工作规则

339 民用航空安全检查规则

343 公共航空运输企业航空安全保卫规则

第 14 编——科技和计量标准（356～390 部）

375 民用航空标准化管理规定

379 中国民用航空计量管理规定

381 中国民用航空部门计量检定规程管理办法

第 15 编——航空器搜寻援救和事故调查（391～400 部）

395 民用航空器事故和飞行事故征候调查规定

396 民用航空安全信息管理规定

397 中国民用航空应急管理规定

398 民用航空安全管理规定

399 民用航空器飞行事故应急反应和家属援助规定

1.3 国际民用航空公约及附件

《国际民用航空公约》（Convention on International Civil Aviation）即 1944 年《芝加哥公约》，由参加芝加哥会议的 52 个国家于 1944 年 12 月 7 日签署，1947 年 4 月 4 日生效。公约共有 4 个部分、22 章、96 条、19 个附件。

第一部分 空中航行

Part Ⅰ Air Navigation

第一章 公约的一般原则和适用

Chapter Ⅰ Gengeral Principles and Application of the Convention

第二章 在缔约国领土上空飞行

Chapter Ⅱ Flight Over Territory of Contracting States

第三章 航空器的国籍

Chapter Ⅲ Nationality of Aircraft

第四章 便利空中航行的措施

Chapter Ⅳ Measures to Facilitate Air Navigation

第二部分 国际通用航空——飞机

Part Ⅱ International General Aviation — Aeroplanes

第三部分 国际运行——直升机

Part Ⅲ International Operations — Helicopters

附件 7 航空器国籍和登记标志

Annex 7 Aircraft Nationality and Registration Masks

附件 8 航空器适航性

Annex 8 Airworthiness of Aircraft

附件 9 简化手续

Annex 9 Facilitation

附件 10 航空电信

Annex 10 Aeronautical Telecommunications

附件 11 空中交通服务

Annex 11 Air Traffic Services

附件 12 搜寻与救援

Annex 12 Search and Rescue

附件 13 航空器事故和事故征候调查

Annex 13 Aircraft Accident and Incident Investigation

附件 14 机场

Annex 14 Aerodromes

附件 15 航空情报服务

Annex 15 Aeronautical Information Services

附件 16 环境保护

Annex 16 Environmental Protection

附件 17 保安：保护国际民用航空免遭非法干扰行为

Annex 17 Security - Safeguarding International Civil Aviation against

Acts of Unlawful Interference

附件 18 危险物品的安全航空运输

Annex 18 The Safe Transport of Dangerous Goods by Air

附件 19 安全管理

Annex 19 Safety Management

1.4 美国联邦航空规章

《美国联邦法规》(Code of Federal Regulations，CFR) 第十四卷“航空和航天”第一章为联邦航空局局长发布的联邦航空规章 (Federal Aviation Regulations，FAR)，分为 A ~ N 分章节 (Subchapter)，其中 L、M 为备用章节，无正文。每个分章节又包含一个或多个部 (Part)，编号从第 1 部至 199 部，其中若干部为备用。

Subchapter A—Definitions

A 分章——定义

1 Definitions and Abbreviations

定义和缩写

3 General Requirements

一般要求

5 Safety Management Systems

安全管理体系

Subchapter B—Procedural Rules

B 分章——程序性规则

11 General Rulemaking Procedures

规则制定总程序

13 Investigative and Enforcement Procedures

调查研究和强制执行程序

14 Rules Implementing The Equal Access to Justice Act of 1980

关于平等使用 1980 年审判法的实施规则

15 Administrative Claims Under Federal Tort Claims Act

依据联邦侵权求偿法的行政索赔

16 Rules of Practice for Federally-Assisted Airport Enforcement Proceedings

联邦-辅助机场执法程序的行为规则

17 Procedures for Protests and Contract Disputes

申辩和合同纠纷程序

Subchapter C—Aircraft

C 分章——航空器

21 Certification Procedures for Products and Articles

产品和零部件合格审定程序

23 Airworthiness Standards: Normal Category Airplanes

适航标准：正常类飞机

25 Airworthiness Standards: Transport Category Airplanes

适航标准：运输类飞机

26 Continued Airworthiness and Safety Improvements for Transport Category Airplanes

运输类飞机的持续适航和安全改进

27 Airworthiness Standards: Normal Category Rotorcraft

适航标准：正常类旋翼机

29 Airworthiness Standards: Transport Category Rotorcraft

适航标准：运输类旋翼机

31 Airworthiness Standards: Manned Free Balloons

适航标准：载人自由气球

33 Airworthiness Standards: Aircraft Engines

适航标准：航空发动机

34 Fuel Venting and Exhaust Emission Requirements for Turbine Engine Powered Airplanes

涡轮发动机飞机的燃油排泄和排气污染要求

35 Airworthiness Standards: Propellers

适航标准：螺旋桨

36 Noise Standards: Aircraft Type and Airworthiness Certification

噪声标准：航空器型号合格审定和适航审定

39 Airworthiness Directives

适航指令

43 Maintenance, Preventive Maintenance, Rebuilding, and Alteration

维修、预防性维修、再造和改装

45 Identification and Registration Marking

国籍和登记标识

47 Aircraft Registration

航空器注册登记

48 Registration and Marking Requirements for Small Unmanned Aircraft

小型无人飞行器注册和标识规定

49 Recording of Aircraft Titles and Security Documents

航空器产权和担保文件的记录

Subchapter D—Airmen

D 分章——航空人员

60 Flight Simulation Training Device Initial and Continuing Qualification and Use

飞行模拟训练器的初始和持续鉴定及使用

61 Certification: Pilots, Flight Instructors, and Ground Instructors

合格审定：驾驶员、飞行教员和地面教员

63 Certification: Flight Crewmembers Other Than Pilots

合格审定：驾驶员以外的飞行机组人员

65 Certification: Airmen Other Than Flight Crewmembers

合格审定：飞行机组人员以外的航空人员

67 Medical Standards and Certification

体检标准和合格审定

68 Requirements for Operating Certain Small Aircraft Without A Medical Certificate

无医疗证明的小型飞机操作要求

Subchapter E—Airspace

E 分章——空域

71 Designation of Class A, B, C, D, and E Airspace Areas; Air Traffic Service Routes; and Reporting Points

A、B、C、D 和 E 类空域、空中交通服务航路和报告点的划分

73 Special Use Airspace

专用空域

75 [Reserved]

预留

77 Safe, Efficient Use, and Preservation of the Navigable Airspace

导航服务空域的安全、有效使用和保护

Subchapter F—Air Traffic and General Operating Rules

F 分章——空中交通规则与运行总规则

89 Remote Identification of Unmanned Aircraft

无人机远程识别

91 General Operating and Flight Rules

一般运行和飞行规则

93 Special Air Traffic Rules

特殊空中交通规则

95 IFR Altitudes

仪表飞行规则高度

97 Standard Instrument Procedures

标准仪表飞行程序

99 Security Control of Air Traffic

空中交通管理的安全

101 Moored Balloons, Kites, Amateur Rockets, Unmanned Free Balloons, and Certain Model Aircraft

系留气球、风筝、自制火箭、无人自由气球和航模飞行器

103 Ultralight Vehicles

超轻型航空器

105 Parachute Operations

降落伞运行

106 [Reserved]

预留

107 Small Unmanned Aircraft Systems

小型无人飞机系统

Subchapter G—Air Carriers and Operators for Compensation or Hire: Certification and Operations
G 分章——旨在取酬或出租的航空承运人、空中旅行俱乐部及营运人：合格审定和营运

110 General Requirements
总则

111 Pilot Records Data Base
飞行员档案数据库

112 ~ 116 [Reserved]
预留

117 Flight and Duty Limitations and Rest Requirements: Flight Crew Members
飞行、职责限值和休息要求：飞行机组人员

118 [Reserved]
预留

119 Certification: Air Carriers and Commercial Operators
合格审定：航空公司和商业运营

120 Drug and Alcohol Testing Program
药物和酒精测试计划

121 Operating Requirements: Domestic, Flag, and Supplemental Operations
运行要求：国内、载旗和补充运行

125 Certification and Operations: Airplanes Having A Seating Capacity of 20 or More Passengers or A Maximum Payload Capacity of 6,000 Pounds or More; and Rules Governing Persons on Board Such Aircraft

合格审定和运行：具有 20 座或以上乘客座位配置，或具有 6 000 磅[①]或更高最大有效载荷能力的飞机；以及适用于此类航空器人员的规则目录

129 Operations: Foreign Air Carriers and foreign Operators of U.S.- Registered Aircraft Engaged In Common Carriage

运行：从事公共运输的外国航空公司和在美国注册飞机的外国运营人

133 Rotorcraft External-Load Operations
旋翼机外载荷运行

135 Operating Requirements: Commuter and on Demand Operations and Rules Governing Persons on Board Such Aircraft

---

① 1 磅=0.45 kg。

运行需求：通勤和按需运行以及航空器机上人员管理办法

136 Commercial Air Tours and National Parks Air Tour Management

商业航空旅游和国家公园航空旅游管理

137 Agricultural Aircraft Operations

农用航空器运行

139 Certification of Airports

机场的取证

Subchapter H—Schools and Other Certificated Agencies

H 分章——学校和审定合格的其他部门

140 [Reserved]

预留

141 Pilot Schools

驾驶员学校

142 Training Centers

训练中心

143 [Reserved]

预留

145 Repair Stations

维修站

147 Aviation Maintenance Technician Schools

航空维修技术人员学校

Subchapter I—Airports

I 分章——机场

150 Airport Noise Compatibility Planning

机场噪声兼容性计划

151 Federal Aid To Airports

联邦政府机场援助

152 Airport Aid Program

机场援助计划

153 Airport Operations

机场运营

155 Release of Airport Property from Surplus Property Disposal Restrictions
源于盈余资产物业处置限制令的机场物业再出租

156 State Block Grant Pilot Program
州政府大宗资助机场计划

157 Notice of Construction, Alteration, Activation, and Deactivation of Airports
机场的建设、改建、启用和关闭通告

158 Passenger Facility Charges (PFC's)
旅客设施收费

161 Notice and Approval of Airport Noise and Access Restrictions
机场噪声和出入限制的通知和批准

169 Expenditure of Federal Funds for Nonmilitary Airports or Air Navigation Facilities Thereon
用于非军用机场或导航设施的联邦政府基金拨付

Subchapter J—Navigational Facilities
J 分章——导航设施

170 Establishment and Discontinuance Criteria for Air Traffic Control Services and Navigational Facilities

171 Non-Federal Navigation Facilities
非联邦导航设施

Subchapter K—Administrative Regulations
K 分章——行政条例

183 Representatives of The Administrator
委任代表

185 Testimony by Employees and Production of Records in Legal Proceedings, and Service of Legal Process and Pleadings
法律诉讼中的雇员证词和记录出示以及送达法律令状和辩护服务

187 Fees
费用

189 Use of Federal Aviation Administration Communications System
联邦航空局通信系统的使用

193 Protection of Voluntarily Submitted Information
自愿提交信息的保护

Subchapters L ~ M [Reserved]

L ~ M 分章——预留

Subchapter N—War Risk Insurance

N 分章——战争保险

198 Aviation Insurance
航空保险
199 [Reserved]
预留

1.5 欧洲航安全局规章

欧洲航空安全局（European Aviation Safety Agency，EASA）成立于2002年，其前身为欧洲联合航空局（JAA），拥有起草所有民航领域的实施法规和向欧盟立法提出建议的权利。欧洲航空安全局法规体系分为三个层级，自上而下分别为基本法规（Basic Regulation）、实施条例（Implementing Regulation）和局方规则（Agency Rules）。基本法规和实施条例是硬法规（Hard Law），具有强制性。局方规则包括符合性方法（Acceptable Means of Compliance，AMC）、指导材料（Guidance Material，GM）、认证规范（Certification Specifications，CS）是非强制的。

Basic Regulation - IR:(EU) 2018/1139
基本法规

Implementing Regulation

实施条例

Initial Airworthiness - IR: (EU) No748/2012

初始适航

Annex Ⅰ: Part-21

附件 1: 21 部

Annex Ⅱ: Repealed Regulation - List of Amendments

附件 2：被废除的法规-修订清单

Annex Ⅲ: Correlation Table

附件 3：相关表格

Additional Airworthiness Specifications for Operations- IR: (EU) 2015/640

运行的附加适航规范

Annex Ⅰ: Part-26

附件 Ⅰ: 26 部

Continuing Airworthiness - IR: (EU) No 1321/2014

持续适航

Annex Ⅰ: Part-M Continuing Airworthiness Requirements

附件 1：M 部 持续适航要求

Annex Ⅱ: Part-145 Maintenance Organisation Approvals

附件 2：145 部 维修机构批准

Annex Ⅲ: Part-66 Maintenance Certifying Staff

附件 3：66 部 认证的维修人员

Annex Ⅳ: Part-147 Organisations Training Part 66 License Applicants

附件 4：147 部 66 部执照申请人培训机构

Annex Va: Part-T Aircraft Registered In A Third Country

附件 Va：T 部 航空器在第三国注册

Annex Vb: Part-ML

附件 Vb：ML 部

Annex Vc: Part-CAMO

附件 Vc：CAMO 部

Annex Vd: Part-CAO

附件 Vd：CAO 部

Aircrew - IR: (EU) No 1178/2011

机组人员

Annex Ⅰ: Part-FCL

附件 1：FCL 部

Annex Ⅱ: Conversion of non-EU Licences

附件 2：非欧盟执照的转换

Annex Ⅲ: Licences of non-EU states

附件 3：非欧盟国家的执照

Annex Ⅳ: Part-MED

附件 4：MED 部

Annex Ⅴ: Part-CC

附件 5：CC 部

Annex Ⅵ: Part-ARA
附件 6：ARA 部
Annex Ⅶ: Part-ORA
附件 7：ORA 部
Annex Ⅷ: Part-DTO
附件 8：DTO 部

Air operations- IR: (EU) No 965/2012
航空运行

Annex Ⅰ: Definitions
附件 1：定义
Annex Ⅱ: Part-ARO
附件 2：ARO 部
Annex Ⅲ: Part-ORO
附件 3：ORO 部
Annex Ⅳ: Part-CAT
附件 4：CAT 部
Annex Ⅴ: Part-SPA
附件 5：SPA 部
Annex Ⅵ: Part-NCC
附件 6：NCC 部
Annex Ⅶ: Part-NCO
附件 7：NCO 部
Annex Ⅷ: Part-SPO
附件 8：SPO 部

Balloons - Air Operations - IR: (EU) 2018/395
气球——航空运行

Annex Ⅰ: Part-DEF
附件 1：DEF 部
Annex Ⅱ: Part-BOP
附件 2：BOP 部
Annex Ⅲ: Part-BFCL
附加 3：BFCL 部

Third Country Operators-IR: (EU) No 452/2014
第三国运营人
Annex Ⅰ: Part-TCO
附件 1：TCO 部
Annex Ⅱ: Part-ART
附件 2：ART 部
ATM/ANS-IR: (EU) 2017/373
空中交通管制/空中导航服务
Annex Ⅰ: Definitions
附件 1：定义
Annex Ⅱ: Part-ATM/ANS.AR
附件 2：ATM/ANS.AR 部
Annex Ⅲ: Part-ATM/ANS.OR
附件 3：ATM/ANS.OR 部
Annex Ⅳ: Part-ATS
附件 4：ATS 部
Annex Ⅴ: Part-MET
附件 5：MET 部
Annex Ⅵ: Part-AIS
附件 6：AIS 部
Annex Ⅶ: Part-DAT
附件 7：DAT 部
Annex Ⅷ: Part-CNS
附件 8：CNS 部
Annex Ⅸ: Part-ATFM
附件 9：ATFM 部
Annex Ⅹ: Part-ASM
附件 10：ASM 部
Annex Ⅺ: Part- ASD
附件 11：ASD 部
Annex Ⅻ: Part-NM
附加 12：NM 部

Annex XIII: Part-PERS
附件 13：PERS 部

ATCO- Air Traffic Controllers-IR: (EU) 2015/340
空中交通管制员

Annex I: Part ATCO
附件 1：ATCO 部
Annex II: Part ATCO.AR
附件 2：ATCO.AR 部
Annex III: Part ATCO.OR
附件 3：ATCO.OR 部
Annex IV: Part ATCO.MED
附件 4：ATCO.MED 部

Airspace Usage Requirements (ACAS II)- IR: (EU) No 1332/2011
空域使用要求(ACAS II)

Annex: ACAS
附件：ACAS

Airspace Usage Requirements (PBN)- IR: (EU) 2018/1048
空域使用要求(PBN)

Annex：Subpart PBN

SERA- Standardised European Rules of the Air-IR: (EU) No 923/2012
标准化欧洲空中规则

Annex: Standardised European Rules of the Air
附件：标准化欧洲空中规则

Aerodromes-IR: (EU) No 139/2014
机场

Annex I: Definitions
附件 I：定义
Annex II: Part-ADR.AR
附件 II：ADR.AR 部
Annex III: Part-ADR.OR
附件 III:ADR.OR 部

Annex Ⅳ: Part-ADR.OPS
附件Ⅳ：ADR.OPS 部
SKPI - Safety Key Performance Indicators-IR: (EU) 2019/317
安全关键性能指标
Sailplanes - Air Operations-IR: (EU) 2018/1976
滑翔机——航空运行
Annex Ⅰ: Part-DEF
附件 1：DEF 部
Annex Ⅱ: Part-SAO
附件 2：SAO 部
Annex Ⅲ: Part-SFCL
附件 3：SFCL 部
Unmanned Aircraft Systems (UAS) - IR: (EU) 2019/947
无人机系统-无人机操作规则和程序
Annex: UAS ops in the 'Open' and 'Specific' categories
附件："开放"和"特定"类别无人机运行
Unmanned Aircraft Systems (UAS) - IR: (EU) 2019/945
无人机系统-无人机系统和无人机系统的第三国运营商
Board of Appeal -Regulation (EC) No 104/2004
上诉委员会
Fees and Charges - IR: (EU) No 2019/2153
收费
Fines and Penalties - IR: (EU) No 646/2012
处罚
Standardisation Inspections - IR: (EU) 628/2013
标准化检查
Occurrence Reporting - IR: (EU) No 376/2014
事件报告

1.6 航空器国籍标志代码

国籍标志是用于识别民用航空器国籍的标志，国籍标志由一组字组成，须从国际电信联盟分配给登记国的无线电呼叫信号中的国籍代号（见表 1.3）系列中选择，并将选择的国籍标志通知国际民用航空组织。对国际经营机构不以国家形式进行登记的航空器，国际民用航空组织分配给共用标志。共用标志须从国际电信联盟分配给国际民用航空组织的无线电呼叫信号的代号系列中选定，由国际民用航空组织给共用标志登记当局指定。

表 1.3　国籍标志代码

代码	国籍（英）	国籍（中）
AP	Pakistan	巴基斯坦
A2	Botswana	博茨瓦纳
A3	Tonga	汤加
A4O	Oman	阿曼
A5	Bhutan	不丹
A6	United Arab Emirates	阿联酋
A7	Qatar	卡塔尔
A8	Liberia	利比里亚
A9C	Bahrain	巴林
B	China（including Hong Kong, Macao SAR and Taiwan）	中国（含香港、澳门、台湾）
C,CF	Canada	加拿大
CC	Chile	智利
CN	Morocco	摩洛哥
CP	Bolivia	玻利维亚
CR,CS	Portugal	葡萄牙
CU	Cuba	古巴
CX	Uruguay	乌拉圭
C2	Nauru	瑙鲁
C5	Cambia	冈比亚
C6	Bahamas	巴哈马群岛
C9	Mozambique	莫桑比克
D	Germany	德国
DQ	Fiji	斐济

续表

代码	国籍（英）	国籍（中）
D2	Angola	安哥拉
D4	Cape Verde	佛得角
D6	Comoros	科摩罗
EC	Spain	西班牙
EI,EJ	Ireland	爱尔兰
EK	Armenia	亚美尼亚
EP	Iran (Islamic Republic of)	伊朗
ER	Republic of Moldova	摩尔多瓦
ES	Estonia	爱沙尼亚
ET	Ethiopia	埃塞俄比亚
EW	Belarus	白俄罗斯
EX	Kyrgyzstan	吉尔吉斯斯坦
EY	Tajikistan	塔吉克斯坦
EZ	Turkmenistan	土库曼斯坦
E3	Eritrea	厄立特里亚
E5	Cook Islands	库克群岛
E7	Bosnia and Herzegovina	波斯尼亚和黑塞哥维那
F	France	法国
G	United Kingdom	英国
HA	Hungary	匈牙利
HB plus national emblem	Switzerland and Liechtenstein	瑞士和列支敦士登
HC	Ecuador	厄瓜多尔
HH	Haiti	海地
HI	Dominican Republic	多米尼加共和国
HJ,HK	Colombia	哥伦比亚
HL	Republic of Korea	韩国

续表

代码	国籍（英）	国籍（中）
HP	Panama	巴拿马
HR	Honduras	洪都拉斯
HS	Thailand	泰国
HZ	Saudi Arabia	沙特阿拉伯
H4	Solomon Islands	所罗门群岛
I	Italy	意大利
JA	Japan	日本
JU	Mongolia	蒙古
JY	Jordan	约旦
J2	Djibouti	吉布提
J3	Grenada	格林纳达
J5	Guinea-Bissau	几内亚比绍
J6	Saint Lucia	圣卢西亚
J7	Dominica	多米尼加
J8	Saint Vincent and the Grenadines	圣文森特和格林纳丁斯
LN	Norway	挪威
LQ,LV	Argentina	阿根廷
LX	Luxembourg	卢森堡
LY	Lithuania	立陶宛
LZ	Bulgaria	保加利亚
M	Isle of Man (United Kingdom)	马恩岛
N	United Statce	美国
OB	Peru	秘鲁
OD	Lebanon	黎巴嫩
OE	Austria	奥地利
OH	Finland	芬兰
OK	Czechia	捷克
OM	Slovakia	斯洛伐克

续表

代码	国籍（英）	国籍（中）
OO	Belgium	比利时
OY	Denmark	丹麦
P	Democratic People's Republic of Korea	朝鲜
PH	Netherlands	荷兰
PJ	Netherlands Antilles	荷属安的列斯
PK	Indonesia	印尼
PP，PR，PS，PT，PU	Brazil	巴西
PZ	Suriname	苏里南
P2	Papua New Guinea	巴布亚新几内亚
P4	Aruba	阿鲁巴岛
RA	Russia	俄罗斯
RDPL	Lao People's Democratic Republic	老挝
RP	Philippines	菲律宾
SE	Sweden	瑞典
SP	Poland	波兰
ST	Sudan	苏丹
SU	Egypt	埃及
SX	Greece	希腊
S2	Bangladesh	孟加拉国
S5	Slovenia	斯洛文尼亚
S7	Seychelles	塞舌尔
S9	Sao Tome and Principe	圣多美和普林西比
TC	Turkey	土耳其
TF	Iceland	冰岛
TG	Guatemala	危地马拉
TI	Costa Rica	哥斯达黎加
TJ	Cameroon	喀麦隆

续表

代码	国籍（英）	国籍（中）
TL	Central Africa Republic	中非共和国
TN	Congo	刚果
TR	Gabon	加蓬
TS	Tunisia	突尼斯
TT	Chad	乍得
TU	Côte d'Ivoire	科特迪瓦
TY	Benin	贝宁
TZ	Mali	马里
T7	San Marino	圣马力诺
T8	Palau	帕劳
UK	Uzbekistan	乌兹别克斯坦
UP	Kazakhstan	哈萨克斯坦
UR	Ukraine	乌克兰
VH	Australia	澳大利亚
VP-A	Anguilla	安圭拉
VP-B，VQ-B	Bermuda	百慕大
VP-C	Cayman Islands	开曼群岛
VP-F	Falkland Islands	马尔维纳斯群岛
VP-G	Gibraltar	直布罗陀
VP-L	Virgin Islands	英属维京群岛
VP-M	Montserrat	蒙特塞拉特岛
VQ-B,VP-B	Bermuda	百慕大群岛
VQ-H	St Helena/Ascension	圣赫勒拿-阿森松岛
VQ-T	Turks and Caicos Islands	特克斯-凯科斯群岛
VT	India	印度
V2	Antigua and Barbuda	安提瓜和巴布达
V3	Belize	伯利兹
V4	Saint Kitts and Nevis	圣基茨和尼维斯

续表

代码	国籍（英）	国籍（中）
V5	Namibia	纳米比亚
V6	Micronesia	密克罗尼西亚
V7	Marshall Islands	马绍尔群岛
V8	Brunei	文莱
XA,XB,XC plus national emblem	Mexico	墨西哥
XT	Burkina Faso	布基纳法索
XU	Cambodia	柬埔寨
XV	Viet Nam	越南
XY,XZ	Myanmar	缅甸
YA	Afghanistan	阿富汗
YI	Iraq	伊拉克
YJ	Vanuatu	瓦努阿图
YK	Syria Arab Republic	叙利亚
YL	Latvia	拉脱维亚
YN	Nicaragua	尼加拉瓜
YR	Romania	罗马尼亚
YS	El Salvador	萨尔瓦多
YU	Serbia	塞尔维亚
YV	Venezuela (Bolivarian Republic of)	委内瑞拉
Z	Zimbabwe	津巴布韦
ZJ	Jersey	泽西岛
ZK,ZL,ZM	New Zealand	新西兰
ZP	Paraguay	巴拉圭
ZS,ZT,ZU	South Africa	南非
Z3	Macedonia	马其顿王国
2	Bailiwick of Guernsey (United Kingdom)	根西行政区（联合王国）
3A	Monaco	摩纳哥

续表

代码	国籍（英）	国籍（中）
3B	Mauritius	毛里求斯
3C	Equatorial Guinea	赤道几内亚
3DC	Eswatini	斯威士兰
3X	Guinea	几内亚共和国
4K	Azerbaijan	阿塞拜疆
4L	Georgia	格鲁吉亚
4O	Montenegro	黑山共和国
4R	Sri Lanka	斯里兰卡
4X	Israel	以色列
5A	Libya	利比亚
5B	Cyprus	塞浦路斯
5H	Tanzania	坦桑尼亚
5N	Nigeria	尼日利亚
5R	Madagascar	马达加斯加
5T	Mauritania	毛里塔尼亚
5U	Niger	尼日尔
5V	Togo	多哥
5W	Samoa	萨摩亚群岛
5X	Uganda	乌干达
5Y	Kenya	肯尼亚
60	Somalia	索马里
6V,6W	Senegal	塞内加尔
6Y	Jamaica	牙买加
7O	Yemen	也门
7P	Lesotho	莱索托
7Q	Malawi	马拉维
7T	Algeria	阿尔及利亚
8P	Barbados	巴巴多斯岛

续表

代码	国籍（英）	国籍（中）
8Q	Maldives	马尔代夫
8R	Guyana	圭亚那
9A	Croatia	克罗地亚
9G	Ghana	加纳
9H	Malta	马耳他
9J	Zambia	赞比亚
9K	Kuwait	科威特
9L	Sierra Leone	塞拉利昂
9M	Malaysia	马来西亚
9N	Nepal	尼泊尔
9Q	Democratic Republic of Congo	刚果民主共和国
9U	Burundi	布隆迪
9V	Singapore	新加坡
9XR	Rwanda	卢旺达
9Y	Trinidad and Tobago	特立尼达和多巴哥

第2章
行业标准

2.1　中国民航维修行业标准[①]

中国民航维修行业标准的日常管理由中国民用航空局飞行标准司负责，中国民航科学技术研究院（简称“航科院”）民航运行技术研究所维修工程室协助。其主要工作包括跟踪国内、外维修行业标准化发展动态；制定民用航空器维修行业标准体系表和民用航空器维修行业标准、计量检定规程（校准规范）管理程序；组织民航维修行业标准的申报、制定及修订、宣贯；负责民航维修行业标准相关资料的存档管理等。我国民航维修行业标准见表2.1。

表2.1　我国民航维修行业标准

序号	行业标准名称	标准号	实施日期	标准主管部门
1	民用航空器材管理术语	MH/T 0020—2012	2012-06-01	中国民用航空局飞行标准司
民用航空器维修 管理规范				
2	第1部分：民用航空器试飞	MH/T 3010.1—2006	2007-04-01	中国民用航空总局飞行标准司
3	第2部分：民用航空器在经停站发生故障的处理	MH/T 3010.2—2006	2007-04-01	中国民用航空总局飞行标准司
4	第3部分：民用航空器维修事故与差错	MH/T 3010.3—2006	2007-04-01	中国民用航空总局飞行标准司
5	第4部分：民用航空器维修工作单（卡）的编制	MH/T 3010.5—2006	2007-04-01	中国民用航空总局飞行标准司

① 2019年9月9日，局发明电〔2019〕2375号文《关于发布航空器维修、航空医学与飞行运行方向民航行业标准清理结果的通知》，将航空维修相关的行业标准全部废止。无损检测相关标准交由中国民用航空维修协会无损检测（NDT）委员会以行业标准的方式发布。由于新标准还未建立，当前通航维修部分工作仍按照旧标准执行。

续表

序号	行业标准名称	标准号	实施日期	标准主管部门
民用航空器维修 管理规范				
6	第 6 部分：民用航空器维修人员的技术档案	MH/T 3010.6—2006	2007-04-01	中国民用航空总局飞行标准司
7	第 7 部分：民用航空器维修记录的填写	MH/T 3010.7—2006	2007-04-01	中国民用航空总局飞行标准司
8	第 8 部分：民用航空器维修人员的行为规范	MH/T 3010.8—2006	2007-04-01	中国民用航空总局飞行标准司
9	第 9 部分：地面指挥民用航空器的信号	MH/T 3010.9—2012	2012-06-01	中国民用航空局飞行标准司
10	第 10 部分：维修人员与机组联络的语言	MH/T 3010.10—2006	2007-04-01	中国民用航空总局飞行标准司
11	第 11 部分：民用航空器地面维修设备和工具	MH/T 3010.11—2006	2007-04-01	中国民用航空总局飞行标准司
12	第 12 部分：民用航空器的清洁	MH/T 3010.12—2006	2007-04-01	中国民用航空总局飞行标准司
13	第 13 部分：民用航空器发动机的清洗	MH/T 3010.13—2006	2007-04-01	中国民用航空总局飞行标准司
14	第 14 部分：民用航空器航线维修规则	MH/T 3010.14—2006	2007-04-01	中国民用航空总局飞行标准司
15	第 15 部分：民用航空器一般勤务规则	MH/T 3010.15—2006	2007-04-01	中国民用航空总局飞行标准司
16	第 16 部分：民用航空器线路维护	MH/T 3010.16—2009	2009-06-01	中国民用航空局飞行标准司
17	第 17 部分：民用航空器防静电维护	MH/T 3010.17—2009	2009-06-01	中国民用航空局飞行标准司
18	第 18 部分：维修人为因素方案指南	MH/T 3010.18—2010	2010-09-01	中国民用航空局飞行标准司
19	第 19 部分：发动机状态监控地面站设计指南	MH/T 3010.19—2011	2011-08-01	中国民用航空局飞行标准司
民用航空器维修 地面安全				
20	第 1 部分：民用航空器轮挡	MH/T 3011.1—2006	2007-04-01	中国民用航空总局飞行标准司
21	第 2 部分：民用航空器的停放与系留	MH/T 3011.2—2006	2007-04-01	中国民用航空总局飞行标准司
22	第 3 部分：民用航空器的牵引	MH/T 3011.3—2006	2007-04-01	中国民用航空总局飞行标准司

续表

序号	行业标准名称	标准号	实施日期	标准主管部门
民用航空器维修 地面安全				
23	第 4 部分：民用航空器的顶升	MH/T 3011.4—2006	2007-04-01	中国民用航空总局飞行标准司
24	第 5 部分：民用航空器的地面试车	MH/T 3011.5—2010	2010-09-01	中国民用航空局飞行标准司
25	第 6 部分：民用航空器的操纵面试验	MH/T 3011.6—2006	2007-04-01	中国民用航空总局飞行标准司
26	第 7 部分：民用航空器的加油和放（抽）油	MH/T 3011.7—2006	2007-04-01	中国民用航空总局飞行标准司
27	第 8 部分：民用航空器部件的吊装	MH/T 3011.8—2006	2007-04-01	中国民用航空总局飞行标准司
28	第 9 部分：民用航空器地面溢油的预防和处理	MH/T 3011.9—2006	2007-04-01	中国民用航空总局飞行标准司
29	第 10 部分：机坪防火	MH/T 3011.10—2006	2007-04-01	中国民用航空总局飞行标准司
30	第 11 部分：民用航空器局部喷漆、客舱整新和焊接	MH/T 3011.11—2006	2007-04-01	中国民用航空总局飞行标准司
31	第 12 部分：地面消防设施维修、使用和管理	MH/T 3011.12—2006	2007-04-01	中国民用航空总局飞行标准司
32	第 13 部分：红色警告标记的使用	MH/T 3011.13—2006	2007-04-01	中国民用航空总局飞行标准司
33	第 14 部分：民用航空器地面紧急救援	MH/T 3011.14—2006	2007-04-01	中国民用航空总局飞行标准司
34	第 15 部分：民用航空器燃油箱的维修	MH/T 3011.15—2006	2007-04-01	中国民用航空总局飞行标准司
35	第 16 部分：民用航空器座舱地面增压试验	MH/T 3011.16—2006	2007-04-01	中国民用航空总局飞行标准司
36	第 17 部分：民用航空器燃油沉淀物的检查	MH/T 3011.17—2006	2007-04-01	中国民用航空总局飞行标准司
37	第 18 部分：民用航空器的风害防护	MH/T 3011.18—2006	2007-04-01	中国民用航空总局飞行标准司
38	第 19 部分：民用航空器除冰、防冰液的使用	MH/T 3011.19—2006	2007-04-01	中国民用航空总局飞行标准司
39	第 20 部分：民用航空器上爆炸物品的搜寻	MH/T 3011.20—2006	2007-04-01	中国民用航空总局飞行标准司

续表

序号	行业标准名称	标准号	实施日期	标准主管部门
民用航空器维修 地面安全				
40	第 21 部分：民用航空器地面加温	MH/T 3011.21—2006	2007-04-01	中国民用航空总局飞行标准司
41	第 22 部分：地面高压瓶的充装和使用	MH/T 3011.22—2006	2007-04-01	中国民用航空总局飞行标准司
42	第 23 部分：民用航空器地面设备的安全技术规范	MH/T 3011.23—2006	2007-04-01	中国民用航空总局飞行标准司
43	第 24 部分：勤务车辆停靠民用航空器的规则	MH/T 3011.24—2006	2007-04-01	中国民用航空总局飞行标准司
44	第 25 部分：民用航空器充氧	MH/T 3011.25—2006	2007-04-01	中国民用航空总局飞行标准司
45	第 26 部分：民用航空器地面用电安全	MH/T 3011.26—2008	2009-02-01	中国民用航空局飞行标准司
46	第 27 部分：氧气系统维护	MH/T 3011.27—2011	2011-08-01	中国民用航空局飞行标准司
民用航空器维修 地面维修设施				
47	第 1 部分：维修机库	MH/T 3012.1—2008	2009-02-01	中国民用航空局飞行标准司
48	第 2 部分：喷漆机库	MH/T 3012.2—2008	2009-02-01	中国民用航空局飞行标准司
49	第 3 部分：发动机修理作业场所	MH/T 3012.3—2008	2009-02-01	中国民用航空局飞行标准司
50	第 4 部分：机械附件修理作业场所	MH/T 3012.4—2008	2009-02-01	中国民用航空局飞行标准司
51	第 5 部分：电子附件修理作业场所	MH/T 3012.5—2008	2009-02-01	中国民用航空局飞行标准司
52	第 6 部分：电器附件修理作业场所	MH/T 3012.6—2008	2009-02-01	中国民用航空局飞行标准司
53	第 7 部分：电瓶充电修理作业场所	MH/T 3012.7—2008	2009-02-01	中国民用航空局飞行标准司
54	第 8 部分：高压气瓶修理作业场所	MH/T 3012.8—2008	2009-02-01	中国民用航空局飞行标准司
55	第 9 部分：氧气附件修理作业场所	MH/T 3012.9—2008	2009-02-01	中国民用航空局飞行标准司
56	第 10 部分：紧急救生设备修理作业场所	MH/T 3012.10—2008	2009-02-01	中国民用航空局飞行标准司

续表

序号	行业标准名称	标准号	实施日期	标准主管部门
	民用航空器维修 地面维修设施			
57	第 11 部分：机械加工修理作业场所	MH/T 3012.11—2008	2009-02-01	中国民用航空局飞行标准司
58	第 12 部分：电镀作业场所	MH/T 3012.12—2008	2009-02-01	中国民用航空局飞行标准司
59	第 13 部分：热处理作业场所	MH/T 3012.13—2008	2009-02-01	中国民用航空局飞行标准司
60	第 14 部分：喷砂、喷丸作业场所	MH/T 3012.14—2008	2009-02-01	中国民用航空局飞行标准司
61	第 15 部分：计量检测实验室	MH/T 3012.15—2008	2009-02-01	中国民用航空局飞行标准司
62	第 16 部分：灭火瓶维修作业场所	MH/T 3012.16—2008	2009-02-01	中国民用航空局飞行标准司
63	第 17 部分：维修机坞	MH/T 3012.17—2010	2010-09-01	中国民用航空局飞行标准司
	民用航空器维修 职业安全健康			
64	第 1 部分：地面设备的安全管理规则	MH/T 3013.1—2008	2009-02-01	中国民用航空局飞行标准司
65	第 2 部分：用电安全管理规则	MH/T 3013.2—2008	2009-02-01	中国民用航空局飞行标准司
66	第 3 部分：压力容器安全管理规则	MH/T 3013.3—2008	2009-02-01	中国民用航空局飞行标准司
67	第 4 部分：地面气瓶安全管理规则	MH/T 3013.4—2008	2009-02-01	中国民用航空局飞行标准司
68	第 5 部分：起重设备管理规则	MH/T 3013.5—2008	2009-02-01	中国民用航空局飞行标准司
69	第 6 部分：焊接与切割管理规则	MH/T 3013.6—2008	2009-02-01	中国民用航空局飞行标准司
70	第 7 部分：职业卫生管理规则	MH/T 3013.7—2008	2009-02-01	中国民用航空局飞行标准司
71	第 8 部分：职业健康检查与职业病管理规则	MH/T 3013.8—2008	2009-02-01	中国民用航空局飞行标准司
72	第 9 部分：劳动防护用品管理规则	MH/T 3013.9—2008	2009-02-01	中国民用航空局飞行标准司
73	第 10 部分：职业安全健康管理体系实施指南	MH/T 3013.10—2012	2012-06-01	中国民用航空局飞行标准司

续表

序号	行业标准名称	标准号	实施日期	标准主管部门
民用航空器维修 航空器材				
74	第 1 部分：航空器材仓库	MH/T 3014.1—2007	2008-02-01	中国民用航空总局飞行标准司
75	第 2 部分：危险品的储存	MH/T 3014.2—2007	2008-02-01	中国民用航空总局飞行标准司
76	第 3 部分：航空器材包装	MH/T 3014.3—2007	2008-02-01	中国民用航空总局飞行标准司
77	第 5 部分：航空器材检验、储存、发付	MH/T 3014.5—2007	2008-02-01	中国民用航空总局飞行标准司
78	第 6 部分：航空器材的地面装运	MH/T 3014.6—2007	2008-02-01	中国民用航空局飞行标准司
其他				
79	民用航空器维修工程爆炸危险场所安全规程	MH 3003—2000	2000-12-01	中国民用航空总局规划科技司
80	航空器电缆识别标记	MH/T 3004—2002	2002-06-01	中国民用航空总局规划科技司
81	航空管路识别	MH/T 3005—2002	2002-06-01	中国民用航空总局规划科技司
82	民用航空维修用吊具检测技术规范	MH/T 3006—2011	2011-06-01	中国民用航空局飞行标准司
83	民用航空金属零件旋片喷丸	MH/T 3017—2008	2009-04-01	中国民用航空局飞行标准司
84	民用航空器地面维修通信设备性能要求	MH/T 3018—2009	2009-06-01	中国民用航空局飞行标准司
85	金属硬度标尺的转换	MH/T 3020—2011	2011-06-01	中国民用航空局飞行标准司
86	燃气涡轮发动机燃油喷嘴测试	MH/T 3021—2011	2011-06-01	中国民用航空局飞行标准司
87	推进系统中保险钢索、保险丝、自动垫片和开口销的一般应用方法	MH/T 3023—2011	2011-12-01	中国民用航空局飞行标准司
88	民航发动机燃油泵/燃油调节器维修检验设备规范	MH/T 3024—2013	2013-06-01	中国民用航空局飞行标准司
89	高强度钢制构件侵蚀检查	MH/T 3025—2013	2013-11-01	中国民用航空局飞行标准司

续表

序号	行业标准名称	标准号	实施日期	标准主管部门
其他				
90	钎焊氟离子检测	MH/T 3026—2013	2013-11-01	中国民用航空局飞行标准司
91	热喷涂涂层结合强度测试	MH/T 3027—2013	2013-12-01	中国民用航空局飞行标准司
92	民用航空机务维护模拟机等级要求	MH/T 3028—2013	2013-12-01	中国民用航空局飞行标准司
93	民用航空器维修基本技能实习用耗材	MH/T 3029—2013	2013-12-01	中国民用航空局飞行标准司
94	民用航空器橡胶和金属轮挡	MH/T 6070—2010	2011-03-01	中国民用航空局飞行标准司

2.2 民用航空器无损检测团体标准

民用航空器无损检测团体标准（见表 2.2）由中国民用航空维修协会无损检测（NDT）委员会编写，用于规范民用航空维护、维修和翻修行业中从事无损检测（NDT）工作的人员资格鉴定与认证。

表 2.2 民用航空器无损检测团体标准

序号	团体标准名称	标准号	实施日期	标准主管部门
1	民用航空无损检测人员资格鉴定与认证	T-CAMAC 0001—2020	2020-5-18	中国民用航空维修协会
2	民用航空无损检测 涡流检测	T-CAMAC 0002—2020	2020-5-18	中国民用航空维修协会
3	民用航空无损检测 超声检测	T-CAMAC 0003—2020	2020-5-18	中国民用航空维修协会
4	民用航空无损检测 磁粉检测	T-CAMAC 0004—2020	2020-5-18	中国民用航空维修协会
5	民用航空无损检测 渗透检测	T-CAMAC 0005—2020	2020-5-18	中国民用航空维修协会
6	民用航空无损检测 射线照相检测	T-CAMAC 0006—2020	2020-5-18	中国民用航空维修协会

续表

序号	团体标准名称	标准号	实施日期	标准主管部门
7	民用航空无损检测 复合材料构件红外热像检测	T-CAMAC 0007—2020	2020-5-18	中国民用航空维修协会
8	中华人民共和国民用航空部门计量技术规范 磁粉探伤机	JJF（民航）0098—2020	2020-10-1	中国民用航空局

2.3 ATA100 章节代码

ATA100 是英文 Air Transport Association of America (ATA) Specification No.100 的简称，即美国航空运输协会第 100 号规范——《航空产品技术资料编写规范》。它是美国航空运输协会（ATA）会同众多航空制造厂商和航空公司共同制定的一部规范，用以统一不同航空器厂家以及同一航空器厂家不同飞机机型的各种技术手册的编排和出版格式。ATA100 是普遍适用于几乎所有飞机手册的规范，已经在国际民用航空领域被广泛采用，成为一种民用航空器在设计、制造、使用、维修等过程中技术资料、文件、报告和目录索引的国际统一编号方式，使航空器在整个运行过程中的数据记录、技术处理、资料检索、文件归档保管等更加标准规范、方便快捷。

ATA100 统将航空器的各种技术资料划分为“航空器”（Airplane）和“动力装置”（Powerplant）两大类。“航空器”（Airplane）部分则依次按“总体”（General）、“系统”（System）和“结构”（Structure）三个类别进行编排。“动力装置”（Powerplant）部分则依次按“螺旋桨/旋翼”（Propeller/Rotor）和“发动机”（Engine）两个类别进行编排。分类所属各章的编号规定如下：

1 ~ 4 章为留给各航空公司编写自己公司的文件和资料；

5 ~ 12 章为“总体”（General）类；

20 ~ 49 章为“系统”（System）类；

51 ~ 57 章为“结构”（Structure）类；

60 ~ 65 章为“螺旋桨/旋翼”（Propeller/Rotor）类；

70 ~ 80 章为“动力装置”（Powerplant）类；

91 章为“图表”（Chart）类。

05 Times Limits/Maintenance Checks 时限/维护检查

05-00 General 概述

05-10 Time Limits 时限

05-20 Scheduled Maintenance Checks 定期维护检查
05-30/-40 As Required 预留
05-50 Unscheduled Maintenance Checks 非定期维护检查

06 Dimensions and Areas 尺寸和区域

07 Lifting and Shoring 顶升和支撑

07-00 General 概述
07-10 Jacking 顶起
07-20 Shoring 支撑

08 Leveling and Weighing 水平测量和称重

08-00 General 概述
08-10 Weighing and Balancing 称重和平衡
08-20 Leveling 水平测量

09 Towing and Taxiing 牵引和滑行

09-00 General 概述
09-10 Towing 牵引
09-20 Taxiing 滑行

10 Parking, Mooring, Storage and Return to Service 停放、系留、封存和恢复使用

10-00 General 概述
10-10 Parking/Storage 停放和封存
10-20 Mooring 系留
10-30 Return to Service 恢复使用

11 Placards and Markings 标牌和标志

11-00 General 概述
11-10 Exterior Color Schemes and Markings 外部配色和标志
11-20 Exterior Placards and Markings 外部标牌和标志
11-30 Interior Placards 内部标牌

12 Servicing-Routine Maintenance 勤务——日常维护

12-00 General 概述
12-10 Replenishing 填充
12-20 Scheduled Servicing 定期勤务
12-30 Unscheduled Servicing 非定期勤务

18 Vibration and Noise Analysis（Helicopter Only）振动和噪声（仅限于直升机）

18-00 General 概述
18-10 Vibration Analysis 振动
18-20 Noise Analysis 噪声

20 Standard Practices-Airframe 标准施工——机身

21 Air Conditioning 空调

21-00 General 概述
21-10 Compression 客舱增压
21-20 Distribution 空气分配
21-30 Pressurization Control 客舱压力控制
21-40 Heating 客舱加温
21-50 Cooling 客舱冷却
21-60 Temperature Control 客舱温度控制
21-70 Moisture/Air Contaminant Control 湿度/空气净化控制

22 Auto Flight 自动驾驶

22-00 General 概述
22-10 Autopilot 自动驾驶仪
22-20 Speed-Attitude Correction 速度-姿态修正
22-30 Auto Throttle 自动油门
22-40 System Monitor 系统监视器
22-50 Aerodynamic Load Alleviating 气动负载缓冲

23 Communication 通信

23-00 General 概述

23-10 Speech Communications 语言通信
23-15 SATCOM 卫星通信
23-20 Data Transmission and Automatic Calling 数据传输和自动呼叫
23-30 Passenger Address, Entertainment, and Comfort 旅客地址与娱乐系统
23-40 Interphone 内话系统
23-50 Audio Integrating 音频综合
23-60 Static Discharging 静电放电
23-70 Audio & Video Monitoring 音频和视频监视
23-80 Integrated Automatic Tuning 综合自动调谐

24 Electrical Power 电源

24-00 General 概述
24-10 Generator Drive 发电机传动装置
24-20 AC Generation 交流发电
24-30 DC Generation 直流发电
24-40 External Power 外部电源
24-50 AC Electrical Load Distribution 交流电负载分配
24-60 DC Electrical Load Distribution 直流电负载分配

25 Equipment/Furnishings 设备与装饰

25-00 General 概述
25-10 Flight Compartment 驾驶舱设备
25-20 Passenger Compartment 客舱设备
25-30 Buffet/Gallery 餐柜/厨房
25-40 Lavatory 盥洗室
25-50 Cargo Compartment 货舱
25-60 Emergency 应急设备
25-70 Accessory Compartment 附件舱
25-80 Insulation 隔离

26 Fire Protection 防火

26-00 General 概述
26-10 Detection 火警探测

26-20 Extinguishing 灭火

26-30 Explosion Suppression 防爆

27 Flight Controls 飞行操纵系统

27-00 General 概述

27-10 Aileron and Tab 副翼和调整片

27-20 Rudder and Tab 方向舵和调整片

27-30 Elevator and Tab 升降舵和调整片

27-40 Horizontal Stabilizer Control 水平安定面控制

27-50 Flaps 襟翼

27-60 Spoiler, Drag Devices and Variable Aerodynamic Fairings 扰流板与阻力板

27-70 Gust Lock and Damper 阵风锁定与阻尼器

27-80 Lift Augmenting 增升装置

28 Fuel 燃油

28-00 General 概述

28-10 Storage 燃油储存

28-20 Distribution 燃油分配

28-30 Dump 紧急放油

28-40 Indications 燃油指示

29 Hydraulic Power 液压

29-00 General 概述

29-10 Main 主液压源

29-20 Auxiliary 辅助液压源

29-30 Indicating 液压系统指示

30 Ice and Rain Protection 防冰和防雨

30-00 General 概述

30-10 Airfoil 机翼防冰除冰

30-20 Air Intakes 进气口防冰除冰

30-30 Pitot and Static 全压和静压口防冰

30-40 Windows, Windshields and Doors 窗、风挡和门除冰除雨

30-50 Antennas And Radomes 天线和雷达罩防冰除冰
30-60 Propellers/Rotors 螺旋桨/旋翼防冰除冰
30-70 Water Lines 水管防冰
30-80 Detection 冰探测

31 Indicating/Recording Systems 指示/记录系统

31-00 General 概述
31-10 Instrument and Control Panels 仪表和控制面板
31-20 Independent Instruments 独立仪表
31-30 Recorders 数据记录器
31-40 Central Computers 中央计算机
31-50 Central Warning Systems 中央警告系统
31-60 Central Display Systems 中央显示系统
31-70 Automatic Data Reporting Systems 自动数据报告系统

32 Landing Gear 起落架

32-00 General 概述
32-10 Main Gera and Doors 主起落架和舱门
32-20 Nose Gear/Tail Gear and Doors 前起落架/尾轮和舱门
32-30 Extension and Retraction 收放机构
32-40 Wheels and Brakes 机轮和刹车
32-50 Steering 转弯
32-60 Position, Waring, and Ground Safety Switch 位置、警告和接地安全开关
32-70 Supplementary Gear-Skis, Floats 辅助起落架-雪橇、浮筒

33 Lights 灯光

33-00 General 概述
33-10 Flight Compartment and Annunciator Panel 驾驶舱和通信面板灯光
33-20 Passenger Compartment 客舱灯光
33-30 Cargo and Service Compartment 货舱与勤务舱灯光
33-40 Exterior Lighting 外部照明
33-50 Emergency Lighting 应急照明

34 Navigation 导航

34-00 General 概述
34-10 Flight Environment Data 飞行环境数据
34-20 Altitude and Direction 高度和航向仪
34-30 Landing and Taxiing Aids 着陆和滑行辅助设备
34-40 Independent Position Determining 独立位置测定系统
34-50 Dependent Position Determining 相关位置测定系统
34-60 Flight Management Computing 飞行管理计算系统

35 Oxygen 氧气

35-00 General 概述
35-10 Crew 机组氧气
35-20 Passenger 乘客氧气
35-30 Portable 机载便携氧气

36 Pneumatic 气源

36-00 General 概述
36-10 Distribution 气源分配
36-20 Indicating 气源指示

37 Vacuum 真空

37-00 General 概述
37-10 Distribution 真空分配
37-20 Indicating 真空指示

38 Water/Waste 水/污水

38-00 General 概述
38-10 Potable 饮用水
38-20 Wash 洗涤用水
38-30 Waste Disposal 污水排放
38-40 Air Supply 供气（水增压）

39 Electrical 电气系统

39-00 General 概述

39-10 Instrument and Control Panels 仪表和控制面板
39-20 Electrical and Electronic Equipment Racks 电气和电子设备架
39-30 Electrical and Electronic Junction Boxes 电气和电子接线盒
39-40 Multipurpose Electronic Components 多功能电子元件
39-50 Integrated Circuits 集成电路
39-60 Printed Circuit Card Assemblies 印刷电路板组件

41 Water Ballast 压舱水

41-00 General 概述
41-10 Storage 储藏
41-20 Dump 排放
41-30 Indication 指示

45 Central Maintenance System (CMS) 中央维护系统

45-00 General 概述
45-05/-19 CMS / Aircraft General 中央维护系统/飞机概述
45-20/-44 CMS / Airframe Systems 中央维护系统/机身系统
45-45 Central Maintenance System 中央维护系统
45-46/-49 CMS / Airframe Systems 中央维护系统/机身系统
45-50/-59 CMS / Structures 中央维护系统/结构
45-60/-69 CMS / Propellers 中央维护系统/螺旋桨
45-70/-89 CMS / Power Plant 中央维护系统/动力装置

46 Information Systems 信息系统

46-00 General 概述
46-10 Airplane General Information Systems 飞机通用信息系统
46-20 Flight Deck Information Systems 驾驶舱信息系统
46-30 Maintenance Information Systems 维修信息系统
46-40 Passenger Cabin Information Systems 客舱信息系统
46-50 Miscellaneous Information 其他信息系统

49 Airborne Auxiliary Power 机载辅助动力装置

49-00 General 概述
49-10 Power Plant 动力装置

49-20 Engine 发动机

49-30 Engine Fuel and Control 发动机燃油与控制

49-40 Ignition Starting 点火起动

49-50 Air 引气

49-60 Engine Controls 发动机控制

49-70 Indicating 指示

49-80 Exhaust 排气

49-90 Oil 滑油

51 Standard Practices – Structures 标准施工——结构

51-00 General 概述

51-10 Investigation, Cleanup and Aerodynamic Smoothness 调查、清洁和恢复空气动力学性能

51-20 Processes 工艺方法

51-30 Materials 材料

51-40 Fasteners 紧固件

51-50 Support of Airplane for Repair and Alignment Check Procedures 飞机修理的支撑和校直检查程序

51-60 Control-Surface Balancing 操纵面平衡

51-70 Repairs 修理

51-80 Electrical Bonding 电的搭接

52 Doors 舱门

52-00 General 概述

52-10 Passenger/Crew 乘客/机组门

52-20 Emergency Exit 应急出口门

52-30 Cargo 货/行李舱门

52-40 Service 勤务舱门

52-50 Fixed Interior 固定内部舱门

52-60 Entrance Stairs 登机梯

52-70 Door Waring 舱门警告

52-80 Landing Gear 起落架舱门

53 Fuselage 机身

53-00 General 概述
53-10 Main Frame 主体结构
53-20 Auxiliary Structure 辅助结构
53-30 Plates-Skin 面板与蒙皮
53-40 Attach Fittings 连接接头
53-50 Aerodynamic Fairings 气动整流罩

54 Nacelles/Pylons 短舱/吊挂

54-00 General 概述

55 Stabilizers 安定面

55-00 General 概述
55-10 Horizontal Stabilizer 水平安定面
55-20 Elevator 升降舵
55-30 Vertical Stabilizer 垂直安定面
55-40 Rudder 方向舵
55-50 Auxiliary Stabilizers and Strakes 辅助稳定器和边条

56 Windows 窗

56-00 General 概述
56-10 Flight Compartment 驾驶舱窗
56-20 Passenger Compartment 客舱窗
56-30 Door 门窗
56-40 Inspection and Observation 检查与观察窗

57 Wings 机翼

57-00 General 概述
57-10 Center Wing 中央翼
57-20 Outer Wing 外部机翼
57-30 Wing Tip 翼尖
57-40 Leading Edge and Leading Edge Devices 前缘和前缘装置
57-50 Trailing Edge and Trailing Edge Devices 后缘和后缘装置

57-60 Ailerons and Elevons 副翼和升降舵
57-70 Spoilers 扰流板
57-80 预留
57-90 Wing Folding System 机翼折叠系统

60 Standard Practices –Propeller/Rotor 标准操作——螺旋桨/旋翼

61 Propellers/Propulsors 螺旋桨/推进器

61-00 General 概述
61-10 Propeller Assembly 螺旋桨组装
61-20 Controlling 操纵
61-30 Braking 刹车
61-40 Indicating 指示
61-50 Propulsor Duct 推进器导管

62 Main Rotors 主旋翼

62-00 General 概述
62-10 Rotor Blades 旋翼叶片
62-20 Rotor Head(S) 旋翼接头
62-30 Rotor Shaft(S) / Swashplate Assembly(Ies) 旋翼轴/倾斜盘
62-40 Indicating 指示

63 Main Rotor Drive(S) 主旋翼驱动

63-00 General 概述
63-10 Engine/Gearbox Couplings 发动机/变速箱联轴器
63-20 Gearbox(Es) 变速箱
63-30 Mounts, Attachments 底座和附件
63-40 Indicating 指示

64 Tail Rotor 尾桨

64-00 General 概述
64-10 Rotor Blades 尾桨桨叶
64-20 Rotor Head 尾桨接头
64-30 预留

64-40 Indicating 指示

65 Tail Rotor Drive 尾桨驱动

65-00 General 概述
65-10 Shafts 轴
65-20 Gearboxes 减速器
65-30 预留
65-40 Indicating 指示

66 Rotor Blade And Tail Pylon Folding 尾桨桨叶和尾撑

66-00 General 概述
66-10 Rotor Blades 尾桨桨叶
66-20 Tail Pylon 尾撑
66-30 Controls and Indicating 控制和指示

67 Rotors Flight Control 旋翼飞行控制

67-00 General 概述
67-10 Rotor Control 旋翼控制
67-20 Anti-Torque Rotor Control (Yaw Control) 偏航控制
67-30 Servo-Control System 伺服控制系统

70 Standard Practices-Engine 标准操作——发动机

71 Power Plant-General 动力装置——概述

71-00 General 概述
71-10 Cowling 整流罩
71-20 Mounts 安装支架
71-30 Fireseals 防火密闭
71-40 Attach Fitting 连接接头
71-50 Electrical Harness 电气线路
71-60 Engine Air Intakes 发动机进气
71-70 Engine Drains 发动机排放口

72 Engine 发动机

72（T）Engine-Turbine/Turboprop, Ducted Fan/Unducted Fan 涡轮/涡桨、管道风扇/无管道风扇发动机

72-00 General 概述

72-10 Reduction Gear and Shaft Section 减速齿轮与传动轴

72-20 Air Inlet Section 进气部分

72-30 Compressor Section 压缩部分

72-40 Combustion Section 燃烧室部分

72-50 Turbine Section 涡轮部分

72-60 Accessory Drives 附件传动

72-70 By-Pass Section 旁通部分

72（R）Engine-Reciprocating 往复式发动机

72-00 General 概述

72-10 Front Section 前部

72-20 Power Section 动力部分

72-30 Cylinder Section 气缸部分

72-40 Supercharger Section 增压部分

72-50 Lubrication 润滑

73 Engine-Fuel And Control 发动机燃油和操纵

73-00 General 概述

73-10 Distribution 分配

73-20 Controlling-Governing 操纵

73-30 Indicating 指示

74 Ignition 点火

74-00 General 概述

74-10 Electrical Power Supply 电源

74-20 Distribution 分配

74-30 Switching 转换

75 Bleed Air 引气

75-00 General 概述

75-10 Engine Anti-Icing 发动机防冰
75-20 Engine Cooling 发动机冷却
75-30 Compressor Control 压气机控制
75-40 Indication 指示

76 Engine Controls 发动机控制

76-00 General 概述
76-10 Power Controls 功率控制
76-20 Emergency Shutdown 紧急停车

77 Engine Indicating 发动机指示

77-00 General 概述
77-10 Power 功率
77-20 Temperature 温度
77-30 Analyzers 分析器
77-40 Intergated Engine Instrument Systems 发动机整体仪表系统

78 Exhaust 排气

78-00 General 概述
78-10 Collector-Nozzle 集合器/喷管
78-20 Noise Suppressor 消音器
78-30 Thrust Reverser 反推装置
78-40 Supplement Air 辅助空气

79 Oil 滑油

79-00 General 概述
79-10 Storage 储存
79-20 Distribution 分配
79-30 Indicating 指示

80 Starting 起动

80-00 General 概述
80-10 Cranking 摇动

81 Turbines 涡轮

81-00 General 概述
81-10 Power Recovery 功率循环
81-20 Turbo-Supercharger 涡轮增压器

82 Water Injection 喷水

82-00 General 概述
82-10 Storage 储存
82-20 Distribution 分配
82-30 Dumping And Purging 排放
82-40 Indicating 指示

83 Accessory Gear Boxes 附件齿轮箱

83-00 General 概述
83-10 Drive Shaft Section 传动轴
83-20 Gearbox Section 齿轮箱

84 Propulsion Augmentation 推力增强

84-00 General 概述
84-10 Jet Assist Takeoff 喷气辅助起飞

91 Charts 表格

2.4 航空器系统/部件通用代码表

航空器系统/部件通用代码是中国民航在美国航空运输协会规范 100（ATA100）和美国联邦航空局“航空器系统/部件通用代码表”的基础上开发的用于使用困难报告系统（SDR）的四字代码系统。使用此系统可以方便快捷地收集统计航空器维修工作中系统/部件的故障信息。该代码与 ATA100 类似，有少量差异。

航空器系统/部件通用代码将故障信息分为 4 个部分，分别为航空器、机身系统、螺旋桨/旋翼系统以及动力装置系统。

航空器 AIRCRAFT

11 标牌及标志 Placards and Markings

12 勤务 Servicing

18 直升机振动 Helicopter Vibration

机身系统 AIRFRAME SYSTEMS

21 空调系统 Air Conditioning

22 自动飞行 Auto Flight

23 通信 Communications

24 电源 Electrical Power

25 设备/装饰 Equipment/Furnishings

26 防火 Fire Protection

27 飞行操纵 Flight Controls

28 燃油 Fuel

29 液压动力 Hydraulic power

30 防冰和排雨 Ice and Rain Protection

31 仪表 Instruments

32 起落架 Landing Gear

33 灯光 Lights

34 导航 Navigation

35 氧气 Oxygen

36 气源 Pneumatic

37 真空 Vacuum

38 水/污水 Water/Waste

45 中央维护系统 Central Maintenance System (CMS)

49 机载辅助动力 Airborne Auxiliary Power

51 标准施工/结构 Standard Practices/Structures

52 舱门 Doors

53 机身 Fuselage

54 吊舱/吊架 Nacelles/Pylons

55 安定面 Stabilizers

56 窗 Windows

57 机翼 Wings

螺旋桨/旋翼系统 PROPELLER/ROTOR SYSTEMS

61 螺旋桨/推进器 Propellers/Propulsors

62 主旋翼 Main Rotor

63 主旋翼传动 Main Rotor Drive

64 尾桨 Tail Rotor

65 尾桨传动 Tail Rotor Drive

67 旋翼飞行操纵 Rotors Flight Control

动力装置系统 POWERPLANT SYSTEM

71 动力装置 Powerplant

72 涡轮/涡轮螺旋桨发动机 Turbine/Turboprop Engine

73 发动机燃油和控制 Engine Fuel and Control

74 点火 Ignition

75 空气 Air

76 发动机控制 Engine Controls

77 发动机指示 Engine Indicating

78 发动机排气 Engine Exhaust

79 发动机滑油 Engine Oil

80 起动 Starting

81 涡轮增压 Turbocharging

82 喷水 Water Injection

83 附件齿轮箱 Accessory Gearboxes

85 活塞发动机 Reciprocating Engine

11 标牌和标志 Placards and Markings

1100 标牌和标志 Placards and Markings

12 勤务 Servicing

1210 燃油勤务 Fuel Servicing

1220 滑油勤务 Oil Servicing

1230 液压油勤务 Hydraulic Fluid Servicing

1240 冷却剂勤务 Coolant Servicing

18 直升机振动 Helicopter Vibration

1800 直升机振动/噪声分析 Helicopter Vib/Noise Analysis

1810 直升机振动分析 Helicopter Vibration Analysis
1820 直升机噪声分析 Helicopter Noise Analysis
1897 直升机振动分析系统线路 Helicopter Uibration System Wiring

21 空调系统 Air Conditioning

2100 空调系统 Air Conditioning System
2110 客舱增压系统 Cabin Compressor System
2120 空气分配系统 Air Distribution System
2121 空气分配风扇 Air Distribution Fan
2130 客舱压力控制系统 Cabin Pressure Control System
2131 客舱压力控制器 Cabin Pressure Controller
2132 客舱压力指示器 Cabin Pressure Indicator
2133 压力调节/外流阀 Pressure Regul/Outflow Valve
2134 客舱压力传感器 Cabin Pressure Sensor
2140 加温系统 Heating System
2150 客舱冷却系统 Cabin Cooling System
2160 客舱温度控制系统 Cabin Temperature Control System
2161 客舱温度控制器 Cabin Temperature Controller
2162 客舱温度指示器 Cabin Temperature Indicator
2163 客舱温度传感器 Cabin Temperature Sensor
2170 湿度控制系统 Humidity Control System
2197 空调系统线路 Air Conditioning System Wiring

22 自动飞行 Auto Flight

2200 自动飞行系统 Auto Flight System
2210 自动驾驶系统 Autopilot System
2211 自动驾驶计算机 Autopilot Computer
2212 高度控制器 Altitude Controller
2213 飞行控制器 Flight Controller
2214 自动驾驶配平指示器 Autopilot Trim Indicator
2215 自动驾驶主伺服 Autopilot Main Servo
2216 自动驾驶配平伺服 Autopilot Trim Servo
2220 速度姿态纠正系统 Speed-Attitude Correct. System

2230 自动油门系统 Auto Throttle System
2250 气动负载缓冲 Aerodynamic Load Alleviating
2297 自动飞行系统线路 Autoflight System Wiring

23 通信 Communications

2300 通信系统 Communications System
2310 高频 HF 通信系统 HF Communication System
2311 甚高频 UHF 通信系统 UHF Communication System
2312 特高频 VHF 通信系统 VHF Communication System
2320 数据传送自动呼叫 Data Transmission Auto Call
2330 娱乐系统 Entertainment System
2340 内话/旅客广播系统 Interphone/Passenger PA System
2350 音频综合系统 Audio Integrating System
2360 静电放电系统 Static Discharge System
2370 音频/视频监视 Audio/Video Monitoring
2397 通信系统线路 Communication System Wiring

24 电源 Electrical Power

2400 电源系统 Electrical Power System
2410 交流发电机-发电机传动 Alternator-Generator Drive
2420 交流发电系统 AC Generation System
2421 交流发电机 AC Generator-Alternator
2422 交流变流机 AC Inverter
2423 相位适配器 Phase Adapter
2424 交流变压器 AC Regulator
2425 交流指示系统 AC Indicating System
2430 直流发电系统 DC Generating System
2431 电瓶过热警告系统 Battery Overheat Warn. System
2432 电瓶/充电器系统 Battery/Charger System
2433 直流整流变压器 DC Rectifier/Converter
2434 直流发电机-转换器 DC Generator-Alternator
2435 起动发电机 Starter-Generator
2436 直流调压器 DC Regulator

2437 直流指示系统 DC Indicating System
2440 外部电源系统 External Power System
2450 交流电分配系统 AC Power Distribution System
2460 直流电分配系统 DC Power/Distribution System
2497 电源系统线路 Electrical Power System Wiring

25 设备/装饰 Equipment/Furnishings

2500 客舱设备/装饰 Cabin Equipment/Furnishings
2510 驾驶舱设备 Flight Compartment Equipment
2520 客舱设备 Passenger Compartment Equipment
2530 饮食柜/厨房 Buffet/Galleys
2540 盥洗室 Lavatories
2550 货舱 Cargo Compartments
2551 农业喷洒系统 Agricultural Spray System
2560 紧急设备 Emergency Equipment
2561 救生衣 Life Jacket
2562 紧急定位电台 Emergency Locator Beacon
2563 降落伞 Parachute
2564 救生船 Life Raft
2565 紧急撤离滑梯 Escape Slide
2570 附件舱 Accessory Compartment
2571 蓄电池箱结构 Battery Box Structure
2572 电子设备架 Electronic Shelf Section
2597 客航设备/装饰系统线路 Equipment/Furnishing System Wiring

26 防火 Fire Protection

2600 火警保护系统 Fire Protection System
2610 探测系统 Detection System
2611 烟雾探测 Smoke Detection
2612 火警探测 Fire Detection
2613 过热探测 Overheat Detection
2620 灭火系统 Extinguishing System
2621 固定灭火瓶 Fire Bottle, Fixed
2622 手提灭火瓶 Fire Bottle, Portable

2697 火警保护系统线路 Fire Protection System Wiring

27 飞行操纵 Flight Controls

2700 飞行操纵系统 Flight Control System
2701 驾驶杆部分 Control Column Section
2710 副翼操纵系统 Aileron Control System
2711 副翼调整片操纵系统 Aileron Tab Control System
2720 方向舵操纵系统 Rudder Control System
2721 方向舵调整片操纵系统 Rudder Tab Control System
2722 方向舵作动器 Rudder Actuator
2730 升降舵操纵系统 Elevator Control System
2731 升降舵调整片操纵系统 Elevator Tab Control System
2740 安定面操纵系统 Stabilizer Control System
2741 安定面位置指示 Stabilizer Position Indicating
2742 安定面作动器 Stabilizer Actuator
2750 后缘襟翼操纵系统 Trailing Edge Flap Control System
2751 后缘襟翼位置指示系统 Trailing Edge Flap Position Ind. System
2752 后缘襟翼作动器 Trailing Edge Flap Actuator
2760 阻力控制系统 Drag Control System
2761 阻力控制作动器 Drag Control Actuator
2770 阵风锁定/阻尼器系统 Gust Lock/Damper System
2780 前缘襟翼操纵系统 Leading Edge Slat Control System
2781 前缘襟翼位置指示系统 Leading Edge Slat Position Ind. System
2782 前缘襟翼作动器 Leading Edge Slat Actuator
2797 飞行控制系统线路 Flight Control System Wiring

28 燃油 Fuel

2800 航空器燃油系统 Aircraft Fuel System
2810 燃油贮存 Fuel Storage
2820 航空器燃油分配系统 Aircraft Fuel Distribution System
2821 航空器燃油油滤/过滤器 Aircraft Fuel Filter/Strainer
2822 燃油增压泵 Fuel Boost Pump
2823 燃油选择器/关断阀 Fuel Selector/Shut-Off Valve
2824 燃油传输阀 Fuel Transfer Valve

2830 紧急放油系统 Fuel Dump System
2840 航空器燃油指示 Aircraft Fuel Indicating System
2841 燃油油量指示器 Fuel Quantity Indicator
2842 燃油油量传感器 Fuel Quantity Sensor
2843 燃油温度指示 Fuel Temperature Indicator
2844 燃油压力指示器 Fuel Pressure Indicator
2897 燃油系统线路 Fuel System Wiring

29 液压动力 Hydraulic Power

2900 液压动力系统 Hydraulic Power System
2910 液压，主系统 Hydraulic System, Main
2911 液压动力贮压器-主 Hydraulic Power Accumulator, Main
2912 液压油滤主系统 Hydraulic Filter, Main
2913 液压泵（电动/发动机）-主 Hydraulic Pump, (ELECT/ENG), Main
2914 手动液压泵-主 Hydraulic Handpump, Main
2915 液压释压阀-主 Hydraulic Pressure Relief Valve, Main
2916 液压油箱-主 Hydraulic Reservoir, Main
2917 液压压力调节器-主 Hydraulic Pressure Regulator, Main
2920 液压,辅助系统 Hydraulic System, Auxiliary
2921 液压贮压器-辅助 Hydraulic Accumulator, Auxiliary
2922 液压油滤-辅助 Hydraulic Filter, Auxiliary
2923 液压泵-辅助 Hydraulic Pump, Auxiliary
2925 液压释压-辅助 Hydraulic Pressure Relief, Auxiliary
2926 液压油箱-辅助 Hydraulic Reservoir, Auxiliary
2927 液压压力调节器-辅助 Hydraulic Pressure Regulator, Auxiliary
2930 液压系统指示 Hydraulic Indicating System
2931 液压压力指示器 Hydraulic Pressure Indicator
2932 液压压力传感器 Hydraulic Pressure Sensor
2933 液压油量指示器 Hydraulic Quantity Indicator
2934 液压油量传感器 Hydraulic Quantity Sensor
2997 液压动力系统线路 Hydraulic Power System Wiring

30 防冰和排雨 Ice and Rain Protection

3000 冰/雨保护系统 Ice/Rain Protection System

3010 机翼防冰/除冰系统 Airfoil Anti/De-Ice System

3020 进气口防冰/除冰系统 Air Intake Anti/De-Ice System

3030 皮脱/静压口防冰系统 Pitot/Static Anti-Ice System

3040 风挡/门除冰/雨 Windshield/Door Rain/Ice Removal

3050 天线/雷达天线罩防冰/除冰系统 Antenna/Radome Anti-Ice/De-Ice System

3060 螺旋桨/旋翼防冰/除冰系统 Prop/Rotor Anti-Ice/De-Ice System

3070 水管防冰系统 Water Line Anti-Ice System

3080 冰探测 Ice Detection

3097 冰/雨保护系统线路 Ice/Rain Protection System Wiring

31 仪表 Instruments

3100 指示/记录系统 Indicating/Recording System

3110 仪表板 Instrument Panel

3120 单个仪表（时钟等）Independent Instruments (Clock, Etc.)

3130 数据记录器（飞行/维修）Data Recorders (Flight/Maintenance)

3140 中央计算机（发动机指示和机组警告系统）Central Computers (EICAS)

3150 中央警告 Central Warning

3160 中央显示 Central Display

3170 自动数据 Automatic Data

3197 指示系统线路 Indicating System Wiring

32 起落架 Landing Gear

3200 起落架系统 Landing Gear System

3201 起落架/机轮整流罩 Landing Gear/Wheel Fairing

3210 主起落架 Main Landing Gear

3211 主起落架连接部分 Main Landing Gear Attach Section

3212 紧急飘浮部分 Emergency Flotation Section

3213 主起落架支柱/轮轴/轮轴架 Main Landing Gear Strut/Axle/Truck

3220 前/尾起落架 Nose/Tail Landing Gear

3221 前/尾起落架连接部分 Nose/Tail Landing Gear Attach Section

3222 前/尾起落架支柱/轮轴 Nose/Tail Landing Gear Strut/Axle

3230 起落架收/放系统 Landing Gear Retraction/Extension System

3231 起落架舱门收回部分 Landing Gear Door Retract Section

3232 起落架舱门作动器 Landing Gear Door Actuator
3233 起落架作动器 Landing Gear Actuator
3234 起落架选择器 Landing Gear Selector
3240 起落架刹车系统 Landing Gear Brake System
3241 刹车防滞部分 Brake Anti-Skid Section
3242 刹车 Brake
3243 主缸筒/刹车阀 Master Cylinder/Brake Valve
3244 轮胎 Tire
3245 轮胎内胎 Tire Tube
3246 轮子/滑橇/浮筒 Wheel/Ski/Float
3250 起落架转弯系统 Landing Gear Steering System
3251 转弯组件 Steering Unit
3252 减摆器 Shimmy Damper
3260 起落架位置和警告 Landing Gear Position and Warning
3270 辅助架（尾橇）Auxiliary Gear (Tail Skid)
3297 起落架系统线路 Landing Gear System Wiring

33 灯光 Lights

3300 灯光系统 Lighting System
3310 驾驶舱灯光 Flight Compartment Lighting
3320 旅客舱灯光 Passenger Compartment Lighting
3330 货舱灯光 Cargo Compartment Lighting
3340 外部灯光 Exterior Lighting
3350 紧急灯光 Emergency Lighting
3397 灯光系统线路 Lighting System Wiring

34 导航 Navigation

3400 导航系统 Navigation System
3410 飞行环境数据 Flight Environment Data
3411 皮脱/静压系统 Pitot/Static System
3412 外界大气温度指示器/传感器 Outside Air Temperature Indicator/Sensor
3413 爬升速率指示器 Rate of Climb Indicator
3414 空速/马赫指示 Airspeed/Mach Indicator
3415 高空速警告 High Speed Warning

3416 气压高度表/译码器 Altimeter, Barometric/Encoder
3417 大气数据计算机 Air Data Computer
3418 失速警告系统 Stall Warning System
3420 姿态和方向数据系统 Attitude and Direction Data System
3421 姿态陀螺和指示系统 Attitude Gyro and Indicating System
3422 方向陀螺和指示系统 Directional Gyro and Indicating System
3423 磁罗盘 Magnetic Compass
3424 转弯和倾斜率/转弯指示器 Turn and Bank/Rate of Turn Indicator
3425 综合飞行系统 Integrated Flight System
3430 着陆和滑行辅助设施 Landing and Taxi Aids
3431 定位信标/VOR 系统 Localizer/Vor System
3432 下滑道系统 Glide Slope System
3433 微波着陆系统 Microwave Landing System
3434 指点信标系统 Marker Beacon System
3435 平视系统 Heads Up Display System
3436 风切变探测系统 Wind Shear Detection System
3440 独立位置测定系统 Independent Position Determining System
3441 惯性制导系统 Inertial Guidance System
3442 气象雷达系统 Weather Radar System
3443 多普勒系统 Doppler System
3444 近地系统 Ground Proximity System
3445 空中防撞系统（TCAS）Air Collision Avoidance System (TCAS)
3446 无雷达气象系统 Non Radar Weather System
3450 相关位置测定系统 Dependent Position Determining
3451 DME/TACAN 系统 DME/TACAN System
3452 ATC 应答器系统 ATC Transponder System
3453 双曲线远程导航系统 Long-Range Navigation (LORAN) System
3454 VOR 系统 Visual Omnirange (VOR) System
3455 ADF 系统 Automatic Direction Finder (ADF) System
3456 欧米伽导航系统 Omega Navigation System
3457 全球定位系统 Global Positioning System
3460 飞行管理计算机硬件系统 Flight Management Computing Hardware System
3461 飞行管理计算机软件系统 Flight Management Computing Software System

3497 导航系统线路 Navigation System Wiring

35 氧气 Oxygen

3500 氧气系统 Oxygen System
3510 机组氧气系统 Crew Oxygen System
3520 旅客氧气系统 Passenger Oxygen System
3530 手提氧气系统 Portable Oxygen System
3597 氧气系统线路 Oxygen System Wiring

36 气源 Pneumatic

3600 气源系统 Pneumatic System
3610 气源分配系统 Pneumatic Distribution System
3620 气源指示系统 Pneumatic Indicating System
3697 气源系统线路 Pneumatic System Wiring

37 真空 Vacuum

3700 真空系统 Vacuum System
3710 真空分配系统 Vacuum Distribution System
3720 真空指示系统 Vacuum Indicating System
3797 真空系统线路 Vacuum System Wiring

38 水/污水 Water/Waste

3800 水和污水系统 Water and Waste System
3810 饮用水系统 Potable Water System
3820 冲洗水系统 Wash Water System
3830 污水排放系统 Waste Disposal System
3840 供气（水增压系统）Air Supply (Water Pressure System)
3897 水/污水系统线路 Water/Waste System Wiring

45 中央维护系统 Central Maintenance System（CMS）

4500 中央维护计算机 Central Maintenance Computer
4597 中央维护系统线路 Central Maintenance System Wiring

49 机载辅助动力 Airborne Auxiliary Power

4900 机载辅助动力装置系统 Airborne Auxiliary Power Unit (APU) System
4910 APU 整流罩/包容罩 APU Cowling/Containment

4920 APU 核心发动机 APU Core Engine
4930 APU 发动机燃油和控制 APU Engine Fuel and Control
4940 APU 起动/点火系统 APU Start/Ignition System
4950 APU 引气系统 APU Bleed Air System
4960 APU 控制 APU Controls
4970 APU 指示系统 APU Indicating System
4980 APU 排气系统 APU Exhaust System
4990 APU 滑油系统 APU Oil System
4997 APU 系统线路 APU System Wiring

51 标准施工/结构 Standard Practices/Structures

5100 标准施工/结构 Standard Practices/Structures
5101 航空器结构 Aircraft Structures
5102 气球报告 Balloon Reports

52 舱门 Doors

5200 舱门 Doors
5210 旅客/机组门 Passenger/Crew Doors
5220 紧急出口 Emergency Exits
5230 货/行李舱门 Cargo/Baggage Doors
5240 勤务舱门 Service Doors
5241 厨房舱门 Galley Doors
5242 电子/电气舱门 Electrical/Electronic Compartment Doors
5243 液压舱门 Hydraulic Compartment Doors
5244 附件舱门 Accessory Compartment Doors
5245 空调舱门 Air Conditioning Compart. Doors
5246 液体勤务门 Fluid Service Doors
5247 APU 舱门 APU Doors
5248 尾锥舱门 Tail Cone Doors
5250 固定内部舱门 Fixed Inner Doors
5260 进口登机梯 Entrance Stairs
5270 舱门警告系统 Door Warning System
5280 起落架舱门 Landing Gear Doors
5297 舱门系统线路 Door System Wiring

53 机身 Fuselage

5300 机身结构（概述）Fuselage Structure (General)
5301 航空牵引设备 Aerial Tow Equipment
5302 旋翼机尾梁 Rotorcraft Tail Boom
5310 机身主结构 Fuselage Main, Structure
5311 机身主框 Fuselage Main, Frame
5312 机身主加强框 Fuselage Main, Bulkhead
5313 机身主纵梁/桁条 Fuselage Main, Longeron/Stringer
5314 机身主龙骨 Fuselage Main, Keel
5315 机身主地板梁 Fuselage Main, Floor Beam
5320 机身辅助结构 Fuselage Miscellaneous Structure
5321 机身地板 Fuselage Floor Panel
5322 机身内部安装结构 Fuselage Internal Mount Structure
5323 机身内部楼梯 Fuselage Internal Stairs
5324 机身固定隔板 Fuselage Fixed Partitions
5330 机身主金属板/蒙皮 Fuselage Main, Plate/Skin
5340 机身主连接接头 Fuselage Main, Attach Fittings
5341 机翼连接接头（在机身上）Fuselage, Wing Attach Fittings
5342 安定面连接接头 Fuselage, Stabilizer Attach Fittings
5343 起落架连接接头 Landing Gear Attach Fittings
5344 机身舱门铰链 Fuselage Door Hinges
5345 机身设备连接接头 Fuselage Equipment Attach Fittings
5346 动力装置连接接头 Powerplant Attach Fittings
5347 座椅/货物连接接头 Seat/Cargo Attach Fittings
5350 机身气动整流罩 Aerodynamic Fairings
5397 机身线路 Fuselage Wiring

54 吊舱/吊架 Nacelles/Pylons

5400 吊舱/吊架结构 Nacelle/Pylon Structure
5410 主框（吊舱/吊架）Nacelle/Pylon, Main Frame
5411 框/梁/肋（吊舱/吊架）Nacelle/Pylon, Frame/Spar/Rib
5412 加强框/防火墙（吊舱/吊架）Nacelle/Pylon, Bulkhead/Firewall
5413 纵梁/桁条（吊舱/吊架）Nacelle/Pylon, Longeron/Stringer

5414 板/蒙皮（吊舱/吊架）Nacelle/Pylon, Plate Skin

5415 连接接头（吊舱/吊架）Nacelle/Pylon, Attach Fittings

5420 吊舱/吊架辅助结构 Nacelle/Pylon Miscellaneous Structure

5497 吊舱/吊架系统线路 Nacelle/Pylon System Wiring

55 安定面 Stabilizers

5500 尾翼结构 Empennage Structure

5510 水平安定面结构 Horizontal Stabilizer Structure

5511 水平安定面梁/肋 Horizontal Stabilizer, Spar/Rib

5512 水平安定面板/蒙皮 Horizontal Stabilizer, Plate/Skin

5513 水平安定面调整片结构 Horizontal Stabilizer, Tab Structure

5514 水平安定面辅助结构 Horizontal Stabilizer Miscellaneous Structure

5520 升降舵结构 Elevator Structure

5521 升降舵梁/肋结构 Elevator, Spar/Rib Structure

5522 升降舵板/蒙皮结构 Elevator, Plates/Skin Structure

5523 升降舵调整片结构 Elevator, Tab Structure

5524 升降舵辅助结构 Elevator Miscellaneous Structure

5530 垂直安定面结构 Vertical Stabilizer Structure

5531 垂直安定面梁/肋结构 Vertical Stabilizer, Spar/Rib Structure

5532 垂直安定面板/蒙皮 Vertical Stabilizer, Plates/Skin

5533 垂直结构（在垂直安定面上）Ventral Structure

5534 垂直安定面辅助结构 Vertical Stabilizer Miscellaneous Structure

5540 方向舵结构 Rudder Structure

5541 方向舵梁/肋结构 Rudder, Spar/Rib

5542 方向舵板/蒙皮结构 Rudder, Plate/Skin

5543 方向舵调整片结构 Rudder, Tab Structure

5550 机尾飞行操纵连接接头 Empennage Flight Control Surfaces, Attach Fittings

5551 水平安定面连接接头 Horizontal Stabilizer, Attach Fittings

5552 升降舵/调整片连接接头 Elevator/Tab, Attach Fittings

5553 垂直安定面连接接头 Vertical Stabilizer, Attach Fittings

5554 方向舵/调整片连接接头 Rudder/Tab, Attach Fittings

5597 安定面系统线路 Stabilizer System Wiring

56 窗 Windows

5600 窗/风挡系统 Window/Windshield System
5610 驾驶舱窗 Flight Compartment Windows
5620 客舱窗 Passenger Compartment Windows
5630 门窗 Door Windows
5640 检查窗 Inspection Windows
5697 窗系统线路 Window System Wiring

57 机翼 Wings

5700 机翼结构 Wing Structure
5710 机翼主结构 Wing, Main Frame Structure
5711 机翼梁结构 Wing Spar
5712 机翼翼肋结构 Wing, Rib/Bulkhead
5713 机翼纵梁/桁条 Wing, Longeron/Stringer
5714 机翼中央翼盒 Wing, Center Box
5720 机翼辅助结构 Wing Miscellaneous Structure
5730 机翼板/蒙皮 Wing, Plates/Skins
5740 机翼连接接头 Wing, Attach Fittings
5741 机翼，机身连接接头 Wing, Fuselage Attach Fittings
5742 机翼，吊舱/吊架连接接头 Wing, Nacelle/Pylon Attach Fittings
5743 机翼，起落架连接接头 Wing, Landing Gear Attach Fittings
5744 操纵面连接接头 Wing, Control Surface Attach Fittings
5750 机翼操纵面结构 Wing, Control Surfaces
5751 副翼结构 Ailerons
5752 副翼调整片结构 Aileron Tab Structure
5753 后缘襟翼结构 Trailing Edge Flaps
5754 前缘装置结构 Leading Edge Devices
5755 扰流板结构 Spoilers
5797 机翼系统线路 Wing System Wiring

61 螺旋桨/推进器 Propellers/Propulsors

6100 螺旋桨系统 Propeller System
6110 螺旋桨组件 Propeller Assembly
6111 螺旋桨桨叶部分 Propeller Blade Section

6112 螺旋桨除冰带部分 Propeller De-Ice Boot Section
6113 螺旋桨毂盖部分 Propeller Spinner Section
6114 螺旋桨桨毂部分 Propeller Hub Section
6120 螺旋桨控制系统 Propeller Controlling System
6121 螺旋桨同步器部分 Propeller Synchronizer Section
6122 螺旋桨调速器 Propeller Governor
6123 螺旋桨顺桨/反桨 Propeller Feathering/Reversing
6130 螺旋桨制动 Propeller Braking
6140 螺旋桨指示系统 Propeller Indicating System
6197 螺旋桨/推进器系统线路 Propellers/Propulsors System Wiring

62 主旋翼 Main Rotor

6200 主旋翼系统 Main Rotor System
6210 主旋翼叶片 Main Rotor Blades
6220 主旋翼头 Main Rotor Head
6230 主旋翼主轴/斜盘 Main Rotor Mast/Swashplate
6240 主旋翼指示系统 Main Rotor Indicating System
6297 主旋翼系统线路 Main Rotor System Wiring

63 主旋翼传动 Main Rotor Drive

6300 主旋翼传动系统 Main Rotor Drive System
6310 发动机/主减速器联轴器 Engine/Transmission Coupling
6320 主旋翼齿轮箱 Main Rotor Gearbox
6321 主旋翼刹车 Main Rotor Brake
6322 旋翼机冷却风扇系统 Rotorcraft Cooling Fan System
6330 主旋翼主减速器安装 Main Rotor Transmission Mount
6340 旋翼传动指示系统 Rotor Drive Indicating System
6397 主旋翼传动系统线路 Main Rotor Drive System Wiring

64 尾桨 Tail Rotor

6400 尾桨系统 Tail Rotor System
6410 尾桨叶片 Tail Rotor Blades
6420 尾桨头 Tail Rotor Head
6440 尾桨指示系统 Tail Rotor Indicating System

6497 尾桨系统线路 Tail Rotor System Wiring

65 尾桨传动 Tail Rotor Drive

6500 尾桨传动系统 Tail Rotor Drive System

6510 尾桨传动轴 Tail Rotor Drive Shaft

6520 尾桨齿轮箱 Tail Rotor Gearbox

6540 尾桨传动指示系统 Tail Rotor Drive Indicating System

6597 尾桨传动系统线路 Tail Rotor Drive System Wiring

67 旋翼飞行操纵 Rotors Flight Control

6700 旋翼机飞行操纵 Rotorcraft Flight Control

6710 主旋翼操纵 Main Rotor Control

6711 尾桨飞行操纵 Tilt Rotor Flight Control

6720 尾桨控制系统 Tail Rotor Control System

6730 旋翼机伺服系统 Rotorcraft Servo System

6797 旋翼飞行操纵系统线路 Rotors Flight Control System Wiring

71 动力装置 Powerplant

7100 动力装置系统 Powerplant System

7110 发动机整流罩系统 Engine Cowling System

7111 整流罩鱼鳞片系统 Engine Cowl Flaps

7112 发动机空气折流板部分 Engine Air Baffle Section

7120 发动机安装部分 Engine Mount Section

7130 发动机防火密封 Engine Fireseals

7160 发动机进气系统 Engine Air Intake System

7170 发动机放泄 Engine Drains

7197 动力装置系统线路 Powerplant System Wiring

72 涡轮/涡桨发动机 Turbine/Turboprop Engine

7200 发动机（涡轮/涡桨）Engine (Turbine/Turboprop)

7210 涡轮发动机减速齿轮 Turbine Engine Reduction Gear

7220 涡轮发动机进气部分 Turbine Engine Air Inlet Section

7230 涡轮发动机压气机部分 Turbine Engine Compressor Section

7240 涡轮发动机燃烧部分 Turbine Engine Combustion Section

7250 涡轮部分 Turbine Section

7260 涡轮发动机附件传动 Turbine Engine Accessory Drive
7261 涡轮发动机滑油系统 Turbine Engine Oil System
7270 涡轮发动机外函部分 Turbine Engine Bypass Section
7297 涡轮发动机系统线路 Turbine Engine System Wiring

73 发动机燃油和控制 Engine Fuel and Control

7300 发动机燃油&控制 Engine Fuel and Control
7310 发动机燃油分配 Engine Fuel Distribution
7311 发动机燃油-滑油冷却器 Engine Fuel/Oil Cooler
7312 燃油加热器 Fuel Heater
7313 燃油喷嘴 Fuel Injector Nozzle
7314 发动机燃油泵 Engine Fuel Pump
7320 燃油控制系统 Fuel Controlling System
7321 燃油控制/涡轮发动机 Fuel Control/Turbine Engines
7322 燃油控制/往复式发动机 Fuel Control/Reciprocating Engines
7323 涡轮调速器 Turbine Governor
7324 燃油分配器 Fuel Divider
7330 发动机燃油指示系统 Engine Fuel Indicating System
7331 燃油流量指示 Fuel Flow Indicating
7332 燃油压力指示 Fuel Pressure Indicating
7333 燃油流量传感器 Fuel Flow Sensor
7334 燃油油量传感器 Fuel Pressure Sensor
7397 发动机燃油系统线路 Engine Fuel System Wiring

74 点火 Ignition

7400 点火系统 Ignition System
7410 点火供电 Ignition Power Supply
7411 低电压线圈 Low Tension Coil
7412 激励器 Exciter
7413 感应振荡器 Induction Vibrator
7414 磁电机/分电器 Magneto/Distributor
7420 点火线（分配）Ignition Harness (Distribution)
7421 火花塞/点火器 Spark Plug/Igniter
7430 点火/起动开关 Ignition/Starter Switching

7497 点火系统线路 Ignition System Wiring

75 空气 Air

7500 发动机放气系统 Engine Bleed Air System
7510 发动机防冰系统 Engine Anti-Icing System
7520 发动机冷却系统 Engine Cooling System
7530 压气机放气控制 Compressor Bleed Control
7531 压气机放气调节器 Compressor Bleed Governor
7532 压气机放气阀 Compressor Bleed Valve
7540 放气空气指示系统 Bleed Air Indicating System
7597 发动机放气系统线路 Engine Bleed Air System Wiring

76 发动机控制 Engine Controls

7600 发动机控制 Engine Controls
7601 发动机同步 Engine Synchronizing
7602 混合比控制 Mixture Control
7603 动力杆 Power Lever
7620 发动机紧急关停系统 Engine Emergency Shutdown System
7697 发动机控制系统线路 Engine Control System Wiring

77 发动机指示 Engine Indicating

7700 发动机指示系统 Engine Indicating System
7710 动力指示系统 Power Indicating System
7711 发动机压力比（EPR）Engine Pressure Ratio (EPR)
7712 发动机平均有效制动压力/扭矩指示 Engine BMEP/Torque Indicating
7713 总管压力（MP）指示 Manifold Pressure (MP) Indicating
7714 发动机转速指示系统 Engine RPM Indicating System
7720 发动机温度指示系统 Engine Temperature Indicating System
7721 汽缸头温度（CHT）指示 Cylinder Head Temperature (CHT) Indicating
7722 发动机排气温度/涡轮进口温度指示系统 Engine EGT/TIT Indicating System
7730 发动机点火检测器系统 Engine Ignition Analyzer System
7731 发动机点火检测器 Engine Ignition Analyzer
7732 发动机振动检测器 Engine Vibration Analyzer
7740 发动机综合仪表系统 Engine Integrated Instrument System

7797 发动机指示系统线路 Engine Indicating System Wiring

78 发动机排气 Engine Exhaust

7800 发动机排气系统 Engine Exhaust System
7810 发动机收集器/尾管/喷嘴 Engine Collector/Tailpipe/Nozzle
7820 发动机噪声抑制器 Engine Noise Suppressor
7830 发动机反推 Engine Thrust Reverser
7897 发动机排气系统线路 Engine Exhaust System Wiring

79 发动机滑油 Engine Oil

7900 发动机滑油系统（机身）Engine Oil System (Airframe)
7910 发动机滑油贮存（机身）Engine Oil Storage (Airframe)
7920 发动机滑油分配（机身）Engine Oil Distribution (Airframe)
7921 发动机滑油冷却器 Engine Oil Cooler
7922 发动机滑油温度调节器 Engine Oil Temperature Regulator
7923 滑油关断阀 Engine Oil Shutoff Valve
7930 发动机滑油指示系统 Engine Oil Indicating System
7931 发动机滑油压力 Engine Oil Pressure
7932 发动机滑油量 Engine Oil Quantity
7933 发动机滑油温度 Engine Oil Temperature
7997 发动机滑油系统线路 Engine Oil System Wiring

80 起动 Starting

8000 发动机起动系统 Engine Starting System
8010 发动机摇动 Engine Cranking
8011 发动机起动机 Engine Starter
8012 发动机起动阀/控制 Engine Start Valves/Controls
8097 发动机起动系统线路 Engine Starting System Wiring

81 涡轮增压 Turbocharging

8100 排气涡轮系统（活塞）Exhaust Turbine System (Reciprocating)
8110 动力恢复涡轮 Power Recovery Turbine
8120 排气涡轮增压器 Exhaust Turbocharger
8197 涡轮增压器系统线路 Turbocharger System Wiring

82 喷水 Water Injection

8200 喷水系统 Water Injection System
8297 喷水系统线路 Water Injection System Wiring

83 附件齿轮箱 Accessory Gearboxes

8300 附件齿轮箱 Accessory Gearboxes
8397 附件齿轮箱线路 Accessory Gearbox System Wiring

85 活塞发动机 Reciprocating Engine

8500 发动机（活塞）Engine (Reciprocating)
8510 活塞发动机前部 Reciprocating Engine Front Section
8520 活塞发动机动力部分 Reciprocating Engine Power Section
8530 活塞发动机气缸部分 Reciprocating Engine Cylinder Section
8540 活塞发动机后部 Reciprocating Engine Rear Section
8550 活塞发动机滑油系统 Reciprocating Engine Oil System
8560 活塞发动机涡轮增压器 Reciprocating Engine Supercharger
8570 活塞发动机液冷系统 Reciprocating Engine Liquid Cooling
8597 活塞发动机线路 Reciprocating Engine System Wiring

2.5 飞行手册章节目录

飞行手册（*Flight Manual*，*Pilot's Operating Manual* 或 *Airpalne Flight Manual*）是飞机制造商编制由该国航空局批准的文档，它针对特定的飞机型号和注册序列号。美国进口飞机的飞行手册内容由美国联邦航空法规第 23 部中规定的内容和飞机制造公司提供的附加信息构成。飞行手册的编写格式最初是由制造商自定义的格式和内容来编写，在美国通用航空器制造商协会（GAMA）编写的《飞行员操作手册》规范得到认可后，飞行手册的编写使用该规范的目录模式和格式。为了表述清楚，手册中的有些地方也不完全拘泥于此规范。飞行手册跟维护手册一样，也是实时更新的，机主在收到修订内容后，将修订页插入该手册。

飞行手册主要包含 11 个部分：

前言 技术出版物指南 Technical Publication Guidance

介绍手册使用的相关信息。

第一章 概述 General

提供基本的飞机和动力装置描述信息。

第二章 限制 Limitations

包含那些规章要求的与飞机、动力装置、系统和设备安全运行所必需的限制。

第三章 紧急程序 Emergency Procedures

描述了建议的程序和空速以应付紧急程序部分中的不同类型紧急和危急情况。

第三 A 章 不正常程序（可选）Abnormal Procedures(Optional)

第四章 正常程序 Normal Procedures

本章包括飞行前检查、启动前、启动发动机、滑行、起飞前、起飞、爬升、巡航、下降、着陆前、复飞（中断着陆）、着陆后和飞行后程序。

第五章 性能 Performance

本章包含飞机认证规章要求的所有信息，以及制造商认为可以增强飞行员安全地操作飞机能力的任何额外性能信息。

第六章 重量与平衡/设备清单 Weight and Balance and Equipment List

本章包含用于计算飞机的重量和平衡的所有信息。

第七章 飞机和系统描述 Description of the Airplane and Its Systems

本章提供飞机上各系统的介绍和操作程序。

第八章 操作、勤务和维护 Handling, Servicing and Maintenance

本章描述由制造商和规章建议的维护和检查，本章检查主要针对的是飞行员，非维修机械师或工程师。

第九章 补充 Supplements

本章介绍安全和高效操纵飞机的补充信息，如飞机装备了非标准飞机设备。

第十章 安全信息和手册字母顺序索引表 Safety and Operational Tips (Optional) Alphabetical Index (Optional)

本章包含民航法规的一些介绍，如医疗问题和信息（眩晕、缺氧、疲劳的影响），任何其他有助于提高飞机安全使用的信息。儿童安全带也在这章介绍。

第 3 章
单位换算、数值速查

3.1　单位制

《中华人民共和国计量法》第三条规定“国际单位制计量单位和国家选定的其他计量单位，为国家法定计量单位。”如图 3.1 所示。过去国内用于市场交易的“市制”单位在中国已废除。但由于中国民航使用的航空器大多数来自国外，因此在飞机维修中，常会出现“英制”和“美制”单位。“美制”单位虽来源于“英制”单位，但部分单位代表的大小是不一样的，如 1 加仑在英国约为 4.546 升，而在美国约为 3.785 升。

- 中国法定计量单位
  - 国际单位制单位（SI）
    - 一贯 SI 单位
      - SI 基本单位（7 个）
      - 一贯 SI 单位导出单位（有专门名称的 22 个）
    - 一贯 SI 单位的倍数和分数单位
  - 我国选定的 16 个非 SI 单位
  - 由以上单位构成的组合形式单位及倍数和分数单位

图 3.1　中国法定计量单位构成

1994 年 7 月 1 日实施的中华人民共和国国家标准 GB 3100—93、GB 3101—93 和 GB 3102—93 对我国使用的量和单位进行了规定，共包含 15 项标准：

GB 3100—93《国际单位制及其应用》

GB 3101—93《有关量、单位和符号的一般原则》

GB 3102.1—93《空间和时间的量和单位》

GB 3102.2—93《周期及其有关现象的量和单位》

GB 3102.3—93《力学的量和单位》

GB 3102.4—93《热学的量和单位》

GB 3102.5—93《电学和磁学的量和单位》

GB 3102.6—93《光及有关电磁辐射的量和单位》
GB 3102.7—93《声学的量和单位》
GB 3102.8—93《物理化学和分子物理学的量和单位》
GB 3102.9—93《原子物理学和核物理学的量和单位》
GB 3102.10—93《核反应和电离辐射的量和单位》
GB 3102.11—93《物理科学和技术中使用的数学符号》
GB 3102.12—93《特征数》
GB 3102.13—93《固体物理学的量和单位》
GB 3102.14—93《国际单位制基本单位》

表 3.1 为国际单位制的基本单位，表 3.2 列出了常用单位之间的换算。

表 3.1 国际单位制的基本单位

量的名称	单位名称	单位符号
长度	米 meter	m
质量	千克（公斤）kilogram	kg
时间	秒 second	s
电流	安[培]ampere	A
热力学温度	开[尔文]kelvin	K
物质的量	摩[尔]mole	mol
发光强度	坎[德拉]candela	cd

3.2 单位换算

表 3.2 单位换算

单位	换算系数	单位
acre 英亩	43 560	square foot（ft^2）平方英尺
acre 英亩	4 046.85	square meter（m^2）平方米
acre 英亩	4 840	square yard（yd^2）平方码
ampere · hour（A · h）安时	3 600	coulomb（C）库仑（库）
ampere · hour（A · h）安时	0.037 31	faraday 法拉第
ampere turn 安匝	1.257	gilbert 吉伯
atmosphere（atm）标准大气压	1.013	bar 巴
atmosphere（atm）标准大气压	29.921	inch of mercury（in.Hg）英寸汞柱
atmosphere（atm）标准大气压	10 332.275	kilogram/square meter（kgf/m^2）千克力/平方米

续表

单位	换算系数	单位
atmosphere（atm）标准大气压	101.325	kilopascal（kPa）千帕
atmosphere（atm）标准大气压	760	millimeter of mercury（Torr）毫米汞柱（托）①
atmosphere（atm）标准大气压	10 332.313	millimeter of water 毫米水柱
atmosphere（atm）标准大气压	14.696	pound/square inch（PSI）磅力/平方英寸
bar 巴	100	kilopascal（kPa）千帕
bar 巴	0.987	atmosphere（atm）标准大气压
bar 巴	14.504	pound/square inch（PSI）磅力/平方英寸
bar 巴	750.062	millimeter of mercury（Torr）毫米汞柱（托）
British thermal unit（Btu）英热单位	1 055.055 9	joule（J）焦耳（焦）
British thermal unit（Btu）英热单位	252.0528	calorie（cal）卡
British thermal unit（Btu）英热单位	2.931×10^{-4}	（kW·h）千瓦时
barrel of oil（bbl）桶②	158.987	（L）升
barrel of oil（bbl）桶	42	gallon US（gal）美加仑
bushel US（bu）蒲式耳 美③	2 150.42	cubic inch（in^3）立方英寸
bushel US（bu）蒲式耳 美	35.239	cubic decimetre（dm^3）立方分米
bushel US（bu）蒲式耳 美	0.968 9	bushel UK（bu）蒲式耳 英
bushel US（bu）蒲式耳 美	64	dry pint US（dry pt）干品脱 美
bushel UK 蒲式耳 英	8	gallon UK（gal）英加仑
bushel UK 蒲式耳 英	36.369	cubic decimetre（L）立方分米（升）
bushel UK 蒲式耳 英	1.032	bushel US（bu）蒲式耳 美
calorie（cal）卡	4.185 9	joule（J）焦耳（焦）
candela（cd）坎德拉（坎）④	—	—

① 毫米汞柱（millimeter of mercury），压力单位，符号为 mmHg。1 mmHg=1 Torr。

② 桶（barrel），容积单位，符号 bbl，在不同国家或用途中大小不同。用于石油业时，1 bbl≈159 L。另还有一种称干桶（dry barrel），仅用于固体物质，如蔬菜、水果之类。

③ 蒲式耳（bushel），体积的英制单位，在英国用于固态和液态物质，无符号；在美国只用于固态物质，符号为 bu。

④ 坎德拉（candela），国际单位制基本单位之一，表示发光强度的基本单位。

续表

单位	换算系数	单位
centimeter（cm）厘米	0.032 81	foot（ft）英尺
centimeter（cm）厘米	0.393 7	inch（in）英寸
centimeter of mercury 厘米汞柱	0.013 16	atmosphere（atm）标准大气压
centimeter of mercury 厘米汞柱	1.333 2	kilopascal（kPa）千帕
coulomb（C）库仑（库）	16.387	ampere · second（A · s）安秒
coulomb（C）库仑（库）	1.036×10^{-4}	faraday 法拉第
cubic centimeter（cm^3）立方厘米	3.531×10^{-5}	cubic foot（ft^3）立方英尺
cubic centimeter（cm^3）立方厘米	0.06102	cubic inch（in^3）立方英寸
cubic centimeter（cm^3）立方厘米	2.642×10^{-4}	gallon（U.S.）美加仑
cubic centimeter（cm^3）立方厘米	1	milliter（mL）毫升
cubic centimeter（cm^3）立方厘米	2.113×10^{-3}	pint（U.S.）美 品脱
cubic decimetre（dm^3）立方分米	1	liter（L）升
cubic foot（ft^3）立方英尺	0.803 6	bushel US（bu）蒲式耳 美
cubic foot（ft^3）立方英尺	28.316 8	cubic decimetre（L）立方分米（升）
cubic foot（ft^3）立方英尺	1 728	cubic inch（in^3）立方英寸
cubic foot（ft^3）立方英尺	7.480 5	gallon（U.S.）美加仑
cubic inch（in^3）立方英寸	16.387	cubic centimetre（m^3）立方厘米
cubic inch（in^3）立方英寸	5.787×10^{-4}	cubic foot（ft^3）立方英尺
cubic inch（in^3）立方英寸	4.329×10^{-3}	gallon（U.S.）美加仑
cubic meter（m^3）立方米	28.378	bushel US（bu）蒲式耳 美
cubic meter（m^3）立方米	35.31	cubic foot（ft^3）立方英尺
cubic meter（m^3）立方米	1.308	cubic yard（yd^3）立方码
cubic meter（m^3）立方米	264.2	gallon（U.S.）美加仑
cubic yard（yd^3）立方码	27	cubic foot（ft^3）立方英尺
cubic yard（yd^3）立方码	46 656	cubic inch（in^3）立方英寸
cubic yard（yd^3）立方码	0.764 6	cubic metre（m^3）立方米
cubic yard（yd^3）立方码	202	gallon（U.S.）美加仑
day 天	24	hour 小时
day 天	1 440	minute 分钟

续表

单位	换算系数	单位
day 天	86 400	second 秒
dram 打兰	1.771 8	gram 克
dram 打兰	0.062 5	ounce 盎司
dry barrel（dry bbl）干桶[①]	7 056	cubic inch（in^3）立方英寸
dry barrel（dry bbl）干桶	115.6	cubic decimetre（L）立方分米（升）
dry pint US（dry pt）美干品脱	0.551	cubic decimetre（L）立方分米（升）
dry pint US（dry pt）美干品脱	33.60	cubic inch（in^3）立方英寸
dry quart US（dry qt）美干夸脱	2	dry pint US（dry pt）美干品脱
dyne（dyn）达因[②]	10^{-5}	newton（N）牛顿（牛）
erg 尔格	10^{-7}	joule（J）焦耳（焦）
faraday 法拉第	26.8	ampere・hour（A・h）安时
faraday 法拉第	9.649×10^4	coulomb（C）库仑（库）
fathom 英寻	2	yard（yd）码
fathom 英寻	6	foot（ft）英尺
fluid ounce UK（fl oz）英液盎司	28.413	milliter（mL）毫升
fluid ounce US（fl oz）美液盎司	29.574	milliter（mL）毫升
foot（ft）英尺	30.48	centimeter（cm）厘米
foot（ft）英尺	0.304 8	meter（m）米
foot（ft）英尺	12	inch（in）英寸
foot（ft）英尺	1.894×10^{-4}	mile 英里
foot（ft）英尺	0.333	yard（yd）码
foot/minute 英尺/分钟	0.016 67	foot/second 英尺/秒
foot/minute 英尺/分钟	0.508	centimeter/second（cm/s）厘米/秒
foot/second 英尺/秒	1.097	kilometer/hour 千米（公里）/小时
foot/second 英尺/秒	0.592 1	knot（kn）节
foot/second 英尺/秒	0.681 8	mile/hour 英里/小时

① 干桶（dry barrel），英制用于干性物质的体积单位。

② 达因（dyne），CGS 制力的单位。

续表

单位	换算系数	单位
foot · pound force（ft · lbf）英尺磅力[①]	1.286×10^{-3}	British thermal unit（Btu）英热单位
foot · pound force（ft · lbf）英尺磅力	1.356	· joule（J）焦耳（焦）
foot · pound force（ft · lbf）英尺磅力	0.323 9	calorie（cal）卡
foot · pound force（ft · lbf）英尺磅力	0.138 3	kilogram force · meter 千克力米
gallon UK（UK gal）英加仑[②]	277.420	cubic inch（in^3）立方英寸
gallon UK（UK gal）英加仑	4.546	cubic decimetre（L）立方分米（升）
gallon UK（UK gal）英加仑	1.200 95	gallon US 美加仑
gallon UK（UK gal）英加仑	8	pint UK（pt）英品脱
gallon UK（UK gal）英加仑	160	fluid ounce UK（fl oz）液盎司 英
gallon US（US gal）美加仑	231	cubic inch（in^3）立方英寸
gallon US（US gal）美加仑	3.785 4	cubic decimetre（L）立方分米（升）
gallon US（US gal）美加仑	0.832 7	gallon UK（gal）英加仑
gallon US（US gal）美加仑	8	liquid pint US（liq pt）美品脱
gallon US（US gal）美加仑	128	fluid ounce US（fl oz）美液盎司
grain（gr）格令	1/700 0	pound（lb）磅
grain（gr）格令	0.064 8	gram（g）克
gram（g）克	980.7	dyne 达因
gram（g）克	0.035 27	ounce（oz）盎司“常衡制”
gram（g）克	2.205×10^{-3}	pound（lb）磅
gram（g）克	5	metric carat 米制克拉
hectare（ha、hm^2）公顷	2.471 1	acre 英亩
hectare（ha、hm^2）公顷	10 000	square metre（m^2）平方米
henry（H）亨利（亨）	1	weber/ampere（Wb/A）韦/安
hertz（Hz）赫兹	1	reciprocal second（s^{-1}）每秒

① 英尺磅力（foot·pound force），功的单位。磅力英尺（pound force foot）力矩单位。

② 英加仑（gallon UK），英国所定义的体积单位，也常写成 imperial gallon。

续表

单位	换算系数	单位
horsepower（hp）英马力[①]	42.44	Btu/minute
horsepower（hp）英马力	33 000	foot pound-force/minute 英尺磅力/分
horsepower（hp）英马力	550	foot pound-force/second（ft · lbf/s）英尺磅力/秒
horsepower（hp）英马力	745.7	watt（W）瓦特（瓦）
inch（in）英寸	2.540	centimeter（cm）厘米
inch（in）英寸	1/12	foot（ft）英尺
inch of mercury（in.Hg）英寸汞柱	3.342×10^{-2}	atmosphere（atm）标准大气压
inch of mercury（in.Hg）英寸汞柱	1.133	foot of water 英尺水柱
inch of mercury（in.Hg）英寸汞柱	345.316	kilogram/square meter（kgf/m^2）千克力/平方米
inch of mercury（in.Hg）英寸汞柱	0.491 2	pound/square inch（PSI）磅力/平方英寸
inch of mercury（in.Hg）英寸汞柱	0.033 86	bar 巴
inch of mercury（in.Hg）英寸汞柱	3 386.39	pascal（Pa）帕斯卡（帕）
inch of mercury（in.Hg）英寸汞柱	25.4	millimeter of mercury（Torr）毫米汞柱（托）
inch of water 英寸水柱	7.355×10^{-2}	inch of mercury（in.Hg）英寸汞柱
inch of water 英寸水柱	3.613×10^{-2}	pound/square inch（PSI）磅力/平方英寸
inch of water 英寸水柱	249.089	pascal（Pa）帕斯卡（帕）
joule（J）焦耳（焦）	9.480×10^{-4}	British thermal unit（Btu）英热单位
joule（J）焦耳（焦）	10^7	erg 尔格
joule（J）焦耳（焦）	1	Newton · metre（N · m）牛米
joule（J）焦耳（焦）	0.737 6	foot · pound force（ft · lbf）英尺磅力
kilogram（kg）千克（公斤）	1 000	gram（g）克
kilogram（kg）千克（公斤）	9.842×10^{-4}	Long ton（tn l）长吨
kilogram（kg）千克（公斤）	2.205	pound（lb）磅
kilogram（kg）千克（公斤）	1.102×10^{-3}	short ton（tn sh）短吨
kilogram-force（kgf）千克力	980 665	dyne 达因
kilogram-force（kgf）千克力	9.807	joule/meter（newton）焦耳/米（牛）

① 马力 Horsepower，英制功率单位，符号 hp。定义为 550（ft · lbf/s），约等于 745.7 W。另还有公制马力（metric horsepower），等于 75 kgf · m/s，约等于 735.5 W。

续表

单位	换算系数	单位
kilogram-force（kgf）千克力	70.93	poundal（pdl）磅达
kilometer（km）千米	3 280.84	foot（ft）英尺
kilometer（km）千米	0.612 4	mile 英里
kilometer/hour 千米/小时	0.911 3	foot/second 英尺/秒
kilometer/hour 千米/小时	0.540 0	knot（kn）节“国际海里”
kilometer/hour 千米/小时	0.621 4	mile/hour 英里/小时
kilowatt 千瓦	1.341	horsepower（hp）英马力
kilowatt · hour（kW · h）千瓦时	3 413	British thermal unit（Btu）英热单位
kilowatt · hour（kW · h）千瓦时	2.655×10^{6}	foot · pound force（ft · lbf）英尺磅力
kilowatt · hour（kW · h）千瓦时	3.6×10^{6}	joule（J）焦耳（焦）
knot（kn）节“国际海里”	1.852	kilometer/hour 千米/小时
knot（kn）节“国际海里”	1.150	mile/hour 英里/小时
knot（kn）节“国际海里”	1	n mile/hour 海里/小时
knot（kn）节“国际海里”	0.999	UK knot 英节
knot（kn）节“国际海里”	1.688	foot/second 英尺/秒
league 里格	3	mile 英里
light year（l.y.）光年	$9.460\,7\times10^{15}$	metre（m）米
liquid pint US（liq pt）美液品脱	0.4732	cubic decimetre（L）立方分米（升）
liquid pint US（liq pt）美液品脱	28.875	cubic inch（in^3）立方英寸
liquid pint US（liq pt）美液品脱	0.125	gallon US（US gal）美加仑
liquid pint US（liq pt）美液品脱	0.832 7	pint UK（pt UK）英品脱
liquid quart US（liq qt）美液夸脱	57.75	cubic inch（in^3）立方英寸
liquid quart US（liq qt）美液夸脱	0.946 3	cubic decimetre（L）立方分米（升）
liquid quart US（liq qt）美液夸脱	2	liquid pint US（liq pt）美液品脱
litre（L）升	0.001	cubic metre（m^3）立方米
litre（L）升	61.023	cubic inch（in^3）立方英寸
litre（L）升	0.264 2	gallon US（US gal）美加仑
litre（L）升	0.22	gallon UK（UK gal）英加仑
litre/minute 升/分钟	5.886×10^{-4}	cubic foot/second（ft^3/s）立方英尺/秒
lumen（lm）流明（流）	1	candela · steradian（cd · sr）坎德拉 · 球面度

续表

单位	换算系数	单位
lux（lx）勒克斯（勒）	1	lumen/square metre（lm/m^2）流/平方米
meter（m）米	3.281	foot（ft）英尺
meter（m）米	39.37	inch（in）英寸
meter（m）米	1.094	yard（yd）码
meter/second（m/s）米/秒	196.85	foot/minute 英尺/分钟
meter/second（m/s）米/秒	3.6	kilometer/hour 千米/小时
meter/second（m/s）米/秒	2.237	mile/hour（mile/h）英里/小时
metric carat 米制克拉①	0.2	gram（g）克
metric horsepower 米制马力	75	kgf·m/s 千克力·米/秒
metric horsepower 米制马力	735.499	watt（W）瓦特（瓦）
metric horsepower 米制马力	0.986	horsepower（hp）英马力
mile 英里	1 609.344	meter（m）米
mile 英里	8	furlong 浪②
mile 英里	80	chain 链
mile 英里	1 760	yard（yd）码
mile 英里	5 280	foot（ft）英尺
mile 英里	63 360	inch（in）英寸
mile/hour（mph）英里/小时	1.609	kilometer/hour 千米/小时
mile/hour（mph）英里/小时	0.447	meter/second（m/s）米/秒
mile/hour（mph）英里/小时	0.869 6	knot（kn）节“国际海里”
milliter（ml）毫升	0.033 8	fluid ounce US（fl oz）美液盎司
millimeter of mercury（mmHg）毫米汞柱	1	Torr 托
nautical mile（n mile）海里③	1.852	kilometer（km）千米

① 米制克拉 metric carat，用于宝石类的质量单位，1913 年后国际上统一定义为 200 mg。

② 浪（furlong）、链（chain）、码（yard），英语国家中的长度单位。

③ 海里（nautical mile），国际度量单位，符号 n mile，等于地球椭圆子午线上纬度 1 分所对应的弧长。由于地球子午圈是一个椭圆，它在不同纬度所对应的弧长也不相等，因此在不同国家海里的长度不同。中国和世界上大多数国家采用国际水文地理学会议通过的海里标准长度，1 海里=1.852 千米（公里）。在英国 1 英海里（nautical mile UK）约为 1 853 米。

续表

单位	换算系数	单位
nautical mile（n mile）海里	1 852	meter（m）米
nautical mile（n mile）海里	1.151	mile 英里
nautical mile（n mile）海里	2 025.37	yard（yd）码
newton（N）牛顿（牛）	10^5	dyne（dyn）达因
newton（N）牛顿（牛）	1	kilogram metre/second squared（kg · m/s^2）千克米/平方秒
newton（N）牛顿（牛）	0.225	pound-force（lbf）磅力
newton meter（N · m）牛米	0.737 6	pound-force foot（lbf · ft）磅力英尺
newton meter（N · m）牛米	8.851	pound-force inch（lbf · in）磅力英寸
ohm（Ω）欧姆（欧）	—	—
ounce troy（oz tr）金衡盎司①	31.104	gram（g）克
ounce aopth（oz ap）药衡盎司	31.104	gram（g）克
ounce avoir（oz）常衡盎司	28.350	gram（g）克
oersted（Oe）奥斯特	79.578	A/m
pint UK（pt UK）英品脱	0.125	gallon UK（UK gal）英加仑
pint UK（pt UK）英品脱	0.568 3	cubic decimetre（L）立方分米（升）
pint UK（pt UK）英品脱	34.677	cubic inch（in^3）立方英寸
pint UK（pt UK）英品脱	1.200 95	liquid pint US（liq pt）美液品脱
pascal(Pa)帕斯卡（帕）	1	newton/metre squared（N/m^2）牛/平方米
poise（P）泊	1	Dyn · s/cm^2 达因秒/平方厘米
poise（P）泊	0.1	pascal · second（Pa · s）帕 · 秒
pound（lb）磅	0.453 6	killgram（kg）千克（公斤）
pound（lb）磅	16	ounce avoir（oz）常衡盎司
poundal（pdl）磅达②	13 826	dyne（dyn）达因
poundal（pdl）磅达	1	lb · ft/s^2 磅英寸/平方秒
poundal（pdl）磅达	0.138 3	newton（N）牛顿（牛）

① 盎司（ounce），符号（oz），既是重量单位又是容积单位。英制常衡质量单位盎司整体缩写为 oz av，1 盎司约等于 28.350 克。英药衡制质量单位和金衡制质量单位，药衡盎司缩写为 oz ap，金衡盎司缩写为 oz t 或 oz tr，1 盎司约等于 31.104 克。英制重量单位和容积单位换算表见 3.3 节。

② 磅达（poundal），英尺磅秒制中力的一贯导出单位。

续表

单位	换算系数	单位
pound/cubic foot（lb/ft^3）磅/立方英尺	16.018 5	killgram/cubic metre 千克/立方米
pound-force（lbf）磅力	4.448 2	newton（N）牛
pound-force foot（lbf·ft）磅力英尺	1.336	newton meter（N·m）牛米
pound-force foot（lbf·ft）磅力英尺	12	pound-force inch（lbf·in）磅力英寸
pound-force inch（lbf·in）磅力英寸	0.113	newton meter（N·m）牛米
pound-force inch（lbf·in）磅力英寸	0.083 3	pound-force foot（lbf·ft）磅力英尺
poun-force/square inch（PSI）磅力/平方英寸	6.895	kilopascal（kPa）千帕
pound-force /square inch（PSI）磅力/平方英寸	0.068 95	bar 巴
rotation per minute（rpm）转/分	0.105	Radian per second（rad/s）弧度/秒
siemens（S）西门子（西）	1	/ohm（Ω^{-1}）每欧
square centimeter（cm^2）平方厘米	0.155	square inch（in^2）平方英寸
square foot（ft^2）平方英尺	0.092 9	square metre（m^2）平方米
square inch（in^2）平方英寸	6.452	square centimeter（cm^2）平方厘米
square metre（m^2）平方米	10.76	square foot（ft^2）平方英尺
square metre（m^2）平方米	1.196	square yard（yd^2）平方码
square mile（mile^2）平方英里	640	acre 英亩
square mile（mile^2）平方英里	2.59	square kilometer（km^2）平方千米
square yard（yd^2）平方码	10.836 1	square metre（m^2）平方米
stokes（St）斯托克斯（斯）	10^{-4}	square metre/second（m^2/s）平方米/秒
tesla（T）特斯拉（特）	1	weber/ square metre 韦伯/平方米
tonne（t）公吨	1 000	kilogram（kg）千克（公斤）
tonne（t）公吨	2 205	pound（lb）磅
ton（UK ton）英吨	1	long ton 长吨 美国
ton（UK ton）英吨	1 016.047	kilogram（kg）千克（公斤）
ton（UK ton）英吨	2 240	pound（lb）磅
ton（long tong）长吨①	1	ton（UK ton）英吨
ton（short tong）短吨	2 000	pound（lb）磅

① 美国把英吨（UK ton）称为长吨（long ton），短吨（short ton）只用于美国。

续表

单位	换算系数	单位
ton（short tong）短吨	907.184 7	kilogram（kg）千克（公斤）
Torr 托	133.322 4	Pascal（Pa）帕斯卡（帕）
watt（W）瓦特（瓦）	3.413	Btu/hour 英热量单位/小时
watt（W）瓦特（瓦）	10^7	erg/second 尔格/秒
watt（W）瓦特（瓦）	1.341×10^{-3}	horsepower 马力
watt（W）瓦特（瓦）	1	joule/second（J/s）焦/秒
weber（Wb）韦伯（韦）	1	Volt · second（V · s）伏秒
weber（Wb）韦伯（韦）	10^8	maxwell（Mx）麦克斯韦（麦）
yard（yd）码①	36	inch（in）英寸
yard（yd）码	0.914 4	metre 米

3.3　美国常用单位对照

美国常用单位对照见表 3.3 至表 3.7。

表 3.3　美国固体容积单位（units of volume for dry meansure）

单位	蒲式耳（bu）	配克（pk）	干夸脱（dry qt）	干品脱（dry pt）
蒲式耳（bushel）	1	4	32	64
配克（peck）	—	1	8	16
干夸脱（dry quart）	—	—	1	2
干品脱（dry pint）	—	—	—	1

表 3.4　美国液体容积单位（units of liquid measure in US）

单位	加仑（gallon）	液夸脱（lq qt）	液品脱（lq pt）	及耳（gill）	液盎司（fl oz）	液打兰（fl dr）	米宁（minim）
加仑（gallon）	1	4	8	32	128	1024	61 440
液夸脱（liquid quart）	—	1	2	8	32	256	15 360
液品脱（liquid pint）	—	—	1	4	16	128	7 680
及耳（gill）	—	—	—	1	4	32	1 920
液盎司（fl oz）	—	—	—	—	1	8	480
液打兰（fl dr）	—	—	—	—	—	1	60
米宁（minim）	—	—	—	—	—	—	1

① 码（yard），英语国家中的长度单位。

表 3.5　美国金衡重量单位（units of troy weight in US）

单位	金衡磅（lb t）	金衡盎司（oz t）	本尼威特（dwt）	格令（gr）
金衡磅（lb t）	1	12	240	5 760
金衡盎司（oz t）	—	1	20	480
本尼威特（penny weight）	—	—	1	24
格令（gr）	—	—	—	1

表 3.6　美国药衡重量单位（units of apothecaries weight in US）

单位	药衡磅（lb ap）	药衡盎司（oz ap）	药衡打兰（dr ap）	斯克鲁普尔（s ap）	格令（gr）
药衡磅（lb ap）	1	12	96	288	5 760
药衡盎司（oz ap）	—	1	8	24	480
药衡打兰（dr ap）	—	—	1	3	60
斯克鲁普尔（s ap）	—	—	—	1	20
格令（gr）	—	—	—	—	1

表 3.7　美国常衡质量单位（US units of mass）

单位	短吨（sh ton）	短担（sh cwt）	磅（lb）	盎司（oz）	打兰（dr）
短吨（short ton）	1	20	2 000	32 000	512 000
短担（short hundredweight）	—	1	100	1 600	25 600
磅（常衡）[pound（avoir）]	—	—	1	16	256
盎司（常衡）[ounce（avoir）]	—	—	—	1	16
打兰（常衡）[dram（avoir）]	—	—	—	—	1

3.4　单位换算速查

单位换算速查见表 3.8 至表 3.17。

表 3.8　英尺（in）↔毫米（mm）

英尺	英尺	毫米	英尺	英尺	毫米
1/64	0.015 6	0.397	33/64	0.515 6	13.097
1/32	0.031 3	0.794	17/32	0.531 3	13.494
3/64	0.046 9	1.191	35/64	0.546 9	13.891

续表

英尺	英尺	毫米	英尺	英尺	毫米
1/16	0.062 5	1.588	9/16	0.562 5	14.287
5/64	0.078 1	1.984	37/64	0.578 1	14.684
3/32	0.093 8	2.381	19/32	0.593 8	15.081
7/64	0.109 4	2.778	39/64	0.609 4	15.478
1/8	**0.125 0**	**3.175**	**5/8**	**0.625 0**	**15.875**
9/64	0.140 6	3.572	41/64	0.640 6	16.272
5/32	0.156 3	3.969	21/32	0.656 3	16.669
11/64	0.171 9	4.366	43/64	0.671 9	17.066
3/16	0.187 5	4.762	11/16	0.687 5	17.463
13/64	0.203 1	5.159	45/64	0.703 1	17.860
7/32	0.218 8	5.556	23/32	0.718 8	18.256
15/64	0.234 4	5.953	47/64	0.734 4	18.653
1/4	**0.250 0**	**6.350**	**3/4**	**0.750 0**	**19.049**
17/64	0.265 6	6.747	49/64	0.765 6	19.447
9/32	0.281 3	7.144	25/32	0.781 3	19.844
19/64	0.296 9	7.541	51/64	0.796 8	20.239
5/16	0.312 5	7.937	13/16	0.812 5	20.63
21/64	0.328 1	8.334	53/64	0.828 1	21.034
11/32	0.343 8	8.731	27/32	0.843 8	21.431
23/64	0.359 4	9.128	55/64	0.859 4	21.828
3/8	**0.375 0**	**9.525**	**7/8**	**0.875 0**	**22.225**
25/64	0.390 6	9.922	57/64	0.890 6	22.622
13/32	0.406 3	10.319	29/32	0.906 3	23.018
27/64	0.421 9	10.716	59/64	0.921 9	26.416
7/16	0.437 5	11.112	15/16	0.937 5	23.812
29/64	0.453 1	11.509	61/64	0.953 1	24.209
15/32	0.468 8	11.906	31/32	0.968 8	24.606
31/64	0.484 4	12.303	63/64	0.984 4	25.003
1/2	**0.500 0**	**12.700**	**1**	**1.000 0**	**25.400**

表 3.9　厘米（cm）↔英寸（in）

	英寸									
厘米	0	1	2	3	4	5	6	7	8	9
0	—	0.394	0.787	1.181	1.575	1.969	2.362	2.765	3.150	3.534
10	3.397	4.331	4.724	5.118	5.512	5.906	6.229	6.693	7.078	7.480
20	7.874	8.268	8.661	9.055	9.449	9.843	10.236	10.630	11.024	11.417
30	11.811	12.205	12.598	12.992	13.386	13.780	14.173	14.567	14.961	15.354
40	15.748	16.142	16.535	16.929	17.323	17.717	18.110	18.504	18.898	19.291
50	19.685	20.079	20.472	20.866	21.260	21.654	22.047	22.441	22.835	23.228
60	23.622	24.016	24.409	24.803	25.197	25.591	25.984	26.378	26.772	27.164
70	27.559	27.953	28.346	28.740	29.134	29.528	29.921	30.315	30.709	31.102
80	31.496	31.890	32.283	32.677	33.071	33.465	33.858	34.252	34.646	35.039
90	35.433	35.827	36.220	36.614	37.008	37.402	37.795	38.189	38.583	38.976
100	39.370	39.764	40.157	40.551	40.945	41.339	41.732	42.126	42.520	42.913

表 3.10　英寸（in）↔厘米（cm）

	厘米									
英寸	0	1	2	3	4	5	6	7	8	9
0	—	2.54	5.08	7.62	10.16	12.70	15.24	17.78	20.32	22.96
10	25.40	27.94	30.48	33.02	35.56	38.10	40.64	43.18	45.72	48.26
20	50.80	53.34	55.88	58.42	60.96	63.50	66.04	68.58	71.12	73.66
30	76.20	78.74	81.28	83.82	86.36	88.90	91.44	93.98	96.52	99.03
40	101.60	104.14	106.68	109.22	111.76	114.30	116.84	119.38	121.92	124.46
50	127.00	129.54	132.08	134.64	137.16	139.70	142.24	144.78	147.32	149.86
60	152.40	154.94	157.48	160.02	162.56	165.10	167.64	170.18	172.72	175.26
70	177.80	180.34	182.88	185.42	187.98	190.50	193.04	195.58	198.12	200.66
80	203.20	205.74	208.28	210.82	213.36	215.90	218.44	220.98	223.52	226.06
90	228.60	231.14	233.68	236.22	238.76	241.30	243.84	246.38	248.92	251.46
100	254.00	256.54	259.08	261.62	264.16	266.70	269.24	271.78	274.32	276.86

表 3.11 米（m）↔英尺（ft）

	英尺									
米	0	1	2	3	4	5	6	7	8	9
0	—	3.281	6.562	9.842	13.123	16.404	19.685	22.956	26.247	29.528
10	32.808	36.089	39.370	42.651	45.932	49.212	52.493	55.774	59.055	62.336
20	65.617	68.897	72.178	75.459	78.740	82.021	85.302	88.582	91.863	95.144
30	98.425	101.71	104.99	108.27	111.55	114.83	118.11	121.39	124.67	127.95
40	131.23	134.51	137.79	141.08	144.36	147.64	150.92	157.20	157.48	160.76
50	164.06	167.32	170.60	173.86	177.16	180.45	183.73	187.01	190.29	193.57
60	195.85	200.13	203.41	206.69	209.97	213.25	216.53	219.82	223.10	226.38
70	229.66	232.94	236.22	239.50	242.78	246.06	249.34	252.62	255.90	259.19
80	262.47	265.75	269.03	272.31	275.59	278.87	282.15	285.43	288.71	291.58
90	295.27	298.56	301.84	305.12	308.40	311.68	314.96	318.24	321.52	324.80
100	328.08	331.36	334.64	337.93	341.21	344.49	347.77	351.05	354.33	357.61

表 3.12 英尺（ft）↔米（m）

	米									
英尺	0	1	2	3	4	5	6	7	8	9
0	—	0.305	0.610	0.914	1.219	1.524	1.829	2.134	2.438	2.743
10	3.048	3.353	3.658	3.926	4.267	4.572	4.877	5.182	5.486	5.791
20	6.096	6.401	6.706	7.010	7.315	7.620	7.925	8.230	8.534	8.839
30	9.144	9.449	9.754	10.058	10.363	10.668	10.973	11.278	11.582	11.887
40	12.192	12.497	12.802	13.106	13.411	13.716	14.021	14.326	14.630	14.935
50	15.240	15.545	15.850	16.154	16.459	16.754	17.069	17.374	17.678	17.983
60	18.288	18.593	18.898	19.202	19.507	19.812	20.117	20.422	20.729	21.031
70	21.336	21.641	21.946	22.250	22.555	22.860	23.165	23.470	23.774	24.079
80	24.384	24.689	24.994	25.298	25.603	25.908	26.213	26.518	26.822	27.127
90	27.432	27.737	28.042	28.346	28.651	28.956	29.261	29.566	29.870	30.175
100	30.480	30.785	31.090	31.394	31.699	32.004	32.309	32.614	32.918	33.223

表 3.13　千克（kg）↔磅（lb）

	磅									
千克	0	1	2	3	4	5	6	7	8	9
0	—	2.205	4.409	6.614	8.819	11.023	13.228	15.432	17.637	19.842
10	22.046	24.251	26.456	28.660	30.865	33.069	35.274	37.479	39.683	41.888
20	44.093	46.297	48.502	50.706	52.911	55.116	57.320	59.525	61.729	63.934
30	66.139	68.343	70.548	72.753	74.957	77.162	79.366	81.571	83.776	85.980
40	88.185	90.390	92.594	94.799	97.003	99.208	101.41	103.62	105.82	108.03
50	110.23	112.44	114.64	116.85	119.05	121.25	123.46	125.66	127.87	130.07
60	132.28	134.48	136.69	138.89	141.10	143.30	145.51	147.71	149.91	152.12
70	154.32	156.53	158.73	160.94	163.14	165.35	167.55	169.76	171.96	174.17
80	176.37	178.57	180.78	182.98	185.19	187.39	189.60	191.80	194.01	196.21
90	198.42	200.62	202.83	205.03	207.24	209.44	211.64	213.85	216.05	218.26
100	220.46	222.67	224.87	227.08	229.28	231.49	233.69	235.90	238.10	240.30

表 3.14　磅（lb）↔千克（kg）

	千克									
磅	0	1	2	3	4	5	6	7	8	9
0	—	0.454	0.907	1.361	1.814	2.268	2.722	3.175	3.629	4.082
10	4.536	4.990	5.443	5.897	6.350	6.804	7.257	7.711	8.165	8.618
20	9.072	9.525	9.979	10.433	10.886	11.340	11.793	12.247	12.701	13.154
30	13.608	14.061	14.515	14.969	15.422	15.876	16.329	16.783	17.327	17.690
40	18.144	18.597	19.051	19.504	19.958	20.412	20.865	21.319	21.772	22.226
50	22.680	23.133	23.587	24.040	24.494	24.948	25.401	25.855	26.303	26.762
60	27.216	27.669	28.123	28.576	29.030	29.484	29.937	30.391	30.844	31.298
70	31.752	32.205	32.659	33.112	33.566	34.019	34.473	34.927	35.380	35.834
80	36.287	36.741	37.195	37.648	38.102	38.555	39.009	39.463	39.916	40.370
90	40.823	41.277	41.731	42.184	42.638	43.091	43.545	43.999	44.452	44.906
100	45.359	45.813	46.266	46.270	47.174	47.081	48.081	48.534	48.988	49.442

表 3.15　升（L）↔英加仑（UK gal）

	加仑									
升	0	1	2	3	4	5	6	7	8	9
0	—	0.220	0.440	0.660	0.880	1.100	1.320	1.540	1.760	1.980
10	2.200	2.420	2.640	2.860	3.080	3.300	3.520	3.740	3.960	4.180
20	4.400	4.620	4.840	5.059	5.279	5.499	5.719	5.939	6.159	6.379
30	6.599	6.819	7.039	7.259	7.479	7.699	7.919	8.139	8.359	8.579
40	8.799	9.019	9.239	9.459	9.679	9.899	10.119	10.339	10.559	10.779
50	10.999	11.219	11.439	11.659	11.879	12.099	12.319	12.539	12.759	12.979
60	13.199	13.419	13.639	13.859	14.078	14.298	14.518	14.738	14.958	15.178
70	15.398	15.618	15.838	16.058	16.278	16.498	16.718	16.938	17.158	17.378
80	17.598	17.818	18.038	18.258	18.478	18.698	18.918	19.138	19.358	19.578
90	19.798	20.018	20.238	20.458	20.678	20.898	21.118	21.338	21.558	21.778
100	21.998	22.218	22.438	22.658	22.878	23.098	23.537	23.537	23.757	23.977

表 3.16　英加仑（UK gal）↔升（L）

	升									
加仑	0	1	2	3	4	5	6	7	8	9
0	—	4.546	9.092	13.638	18.184	22.730	27.276	31.822	36.368	40.914
10	45.460	50.006	54.552	59.097	63.643	68.189	72.735	77.281	81.827	86.373
20	90.919	95.465	100.01	104.56	109.10	113.65	118.20	122.74	127.29	131.83
30	136.38	140.93	145.47	150.02	154.56	159.11	163.66	168.20	172.75	177.29
40	181.84	186.38	190.93	195.48	200.02	204.57	209.11	213.66	218.21	222.75
50	227.30	231.84	236.39	240.94	245.48	250.03	254.57	259.12	263.67	268.21
60	272.76	277.30	281.85	286.40	290.94	295.49	300.03	304.58	309.13	313.67
70	318.22	322.76	327.31	331.86	336.40	340.95	345.49	350.04	354.59	359.13
80	363.68	368.22	372.77	377.32	381.86	386.41	390.95	395.50	400.04	404.59
90	409.14	413.68	418.23	422.77	427.32	431.87	436.41	440.96	445.50	450.05
100	454.60	459.14	463.69	468.23	472.78	477.33	481.87	486.42	490.96	495.51

摄氏度到华氏度换算：

$$°F=1.8\times °C+32 \text{ 或 } °F=\frac{9\times °C}{5}+32$$

华氏度到摄氏度换算：

$$°C=\frac{°F-32}{1.8} \text{ 或 } °C=\frac{5}{9}\times(°F-32)$$

表 3.17　摄氏度（°C）↔华氏度（°F）

°C←	°F °C	→°F	°C←	°F °C	→°F
−73.3	−100	−148.0	−15.6	4	39.2
−70.6	−95	−139.0	−15.0	5	41.0
−67.8	−90	−130.0	−14.4	6	42.8
−65.0	−85	−121.0	−13.9	7	44.6
−62.2	−80	−112.0	−13.3	8	46.4
−59.4	−75	−103.0	−12.8	9	48.2
−56.7	−70	−94.0	−12.2	10	50.0
−53.9	−65	−85.0	−11.7	11	51.8
−51.1	−60	−76.0	−11.1	12	53.6
−48.3	−55	−67.0	−10.6	13	55.4
−45.6	−50	−58.0	−10.0	14	57.2
−42.8	−45	−49.0	−9.4	15	59.0
−40.0	−40	−40.0	−8.9	16	60.8
−37.2	−35	−31.0	−8.3	17	62.6
−34.4	−30	−22.0	−7.8	18	64.4
−31.7	−25	−13.0	−7.2	19	66.2
−28.9	−20	−4.0	−6.7	20	68.0
−26.1	−15	5.0	−6.1	21	69.8
−23.3	−10	14.0	−5.6	22	71.6
−20.6	−5	23.0	−5.0	23	73.4
−17.8	0	32.0	−4.4	24	75.2
−17.2	1	33.8	−3.9	25	77.0
−16.7	2	35.6	−3.3	26	78.8
−16.1	3	37.4	−2.8	27	80.6

续表

°C←	°F	°C	→°F	°C←	°F	°C	→°F
−2.2	28		82.4	15.0	59		138.2
−1.7	29		84.2	15.6	60		140.0
−1.1	30		86.0	16.1	61		141.8
−0.6	31		87.8	16.7	62		143.6
0.0	32		89.6	17.2	63		145.4
0.6	33		91.4	17.8	64		147.2
1.1	34		93.2	18.3	65		149.0
1.7	35		95.0	18.9	66		150.8
2.2	36		96.8	19.4	67		152.6
2.8	37		98.6	20.0	68		154.4
3.3	38		100.4	20.6	69		156.2
3.9	39		102.2	21.1	70		158.0
4.4	40		104.0	21.7	71		159.8
5.0	41		105.8	22.2	72		161.6
5.6	42		107.6	22.8	73		163.4
6.1	43		109.4	23.3	74		165.2
6.7	44		111.2	23.9	75		167.0
7.2	45		113.0	24.4	76		168.8
7.8	46		114.8	25.0	77		170.6
8.3	47		116.6	25.6	78		172.4
8.9	48		118.4	26.1	79		174.2
9.4	49		120.2	26.7	80		176.0
10.0	50		122.0	27.2	81		177.8
10.6	51		123.8	27.8	82		179.6
11.1	52		125.6	28.3	83		181.4
11.7	53		127.4	28.9	84		183.2
12.2	54		129.2	29.4	85		185.0
12.8	55		131.0	30.0	86		186.8
13.3	56		132.8	30.6	87		188.6
13.9	57		134.6	31.1	88		190.4
14.4	58		136.4	31.7	89		192.2

续表

°C←	°F °C	→°F	°C←	°F °C	→°F
32.2	90	194.0	49.4	121	249.8
32.8	91	195.8	50.0	122	251.6
33.3	92	197.6	50.6	123	253.4
33.9	93	199.4	51.1	124	255.2
34.4	94	201.2	51.7	125	257.0
35.0	95	203.0	52.2	126	258.8
35.6	96	204.8	52.8	127	260.6
36.1	97	206.6	53.3	128	262.4
36.7	98	208.4	53.9	129	264.2
37.2	99	210.2	54.4	130	266.0
37.8	100	212.0	55.0	131	267.8
38.3	101	213.8	55.6	132	269.6
38.9	102	215.6	56.1	133	271.4
39.4	103	217.4	56.7	134	273.2
40.0	104	219.2	57.2	135	275.0
40.6	105	221.0	57.8	136	276.8
41.1	106	222.8	58.3	137	278.6
41.7	107	224.6	58.9	138	280.4
42.2	108	226.4	59.4	139	282.2
42.8	109	228.2	60.0	140	284.0
43.3	110	230.0	60.6	141	285.8
43.9	111	231.8	61.1	142	287.6
44.4	112	233.6	61.7	143	289.4
45.0	113	235.4	62.2	144	291.2
45.6	114	237.2	62.8	145	293.0
46.1	115	239.0	63.3	146	294.8
46.7	116	240.8	63.9	147	296.6
47.2	117	242.6	64.4	148	298.4
47.8	118	244.4	65.0	149	300.2
48.3	119	246.2	65.6	150	302.0
48.9	120	248.0	66.1	151	303.8

续表

°C←	°F °C	→°F	°C←	°F °C	→°F
66.7	152	305.6	83.9	183	361.4
67.2	153	307.4	84.4	184	363.2
67.8	154	309.2	85.0	185	365.0
68.3	155	311.0	85.6	186	366.8
68.9	156	312.8	86.1	187	368.6
69.4	157	314.6	86.7	188	370.4
70.0	158	316.4	87.2	189	372.2
70.6	159	318.2	87.8	190	374.0
71.1	160	320.0	88.3	191	375.8
71.7	161	321.8	88.9	192	377.6
72.2	162	323.6	89.4	193	379.4
72.8	163	325.4	90.0	194	381.2
73.3	164	327.2	90.6	195	383.0
73.9	165	329.0	91.1	196	384.8
74.4	166	330.8	91.7	197	386.6
75.0	167	332.6	92.2	198	388.4
75.6	168	334.4	92.8	199	390.2
76.1	169	336.2	93.3	200	392.0
76.7	170	338.0	93.9	201	393.8
77.2	171	339.8	94.4	202	395.6
77.8	172	341.6	95.0	203	397.4
78.3	173	343.4	95.6	204	399.2
78.9	174	345.2	96.1	205	401.0
79.4	175	347.0	96.7	206	402.8
80.0	176	348.8	97.2	207	404.6
80.6	177	350.6	97.8	208	406.4
81.1	178	352.4	98.3	209	408.2
81.7	179	354.2	98.9	210	410.0
82.2	180	356.0	99.4	211	411.8
82.8	181	357.8	100.0	212	413.6
83.3	182	359.6	100.6	213	415.4

续表

°C←	°F	°C	→°F	°C←	°F	°C	→°F
101.1	214		417.2	173.9	345		653.0
101.7	215		419.0	176.7	350		662.0
102.2	216		420.8	179.4	355		671.0
102.8	217		422.6	182.2	360		680.0
103.3	218		424.4	185.0	365		689.0
103.9	219		426.2	187.8	370		698.0
104.4	220		428.0	190.6	375		707.0
107.2	225		437.0	193.3	380		716.0
110.0	230		446.0	196.1	385		725.0
112.8	235		455.0	198.9	390		734.0
115.6	240		464.0	201.7	395		743.0
118.3	245		473.0	204.4	400		752.0
121.1	250		482.0	207.2	405		761.0
123.9	255		491.0	210.0	410		770.0
126.7	260		500.0	212.8	415		779.0
129.4	265		509.0	215.6	420		788.0
132.2	270		518.0	218.3	425		797.0
135.0	275		527.0	221.1	430		806.0
137.8	280		536.0	223.9	435		815.0
140.6	285		545.0	226.7	440		824.0
143.3	290		554.0	229.4	445		833.0
146.1	295		563.0	232.2	450		842.0
148.9	300		572.0	235.0	455		851.0
151.7	305		581.0	237.8	460		860.0
154.4	310		590.0	240.6	465		869.0
157.2	315		599.0	243.3	470		878.0
160.0	320		608.0	246.1	475		887.0
162.8	325		617.0	248.9	480		896.0
165.6	330		626.0	251.7	485		905.0
168.3	335		635.0	254.4	490		914.0
171.1	340		644.0	257.2	495		923.0

续表

°C←	°F	°C	→°F	°C←	°F	°C	→°F
260.0	500		932.0	404.4	760		1 400.0
265.6	510		950.0	410.0	770		1 418.0
271.1	520		968.0	415.6	780		1 436.0
276.7	530		986.0	421.1	790		1 454.0
282.2	540		1 004.0	426.7	800		1 472.0
287.8	550		1 022.0	432.2	810		1 490.0
293.3	560		1 040.0	437.8	820		1 508.0
298.9	570		1 058.0	443.3	830		1 526.0
304.4	580		1 076.0	448.9	840		1 544.0
310.0	590		1 094.0	454.4	850		1 562.0
315.6	600		1 112.0	460.0	860		1 580.0
321.1	610		1 130.0	465.6	870		1 598.0
326.7	620		1 148.0	471.1	880		1 616.0
332.2	630		1 166.0	476.7	890		1 634.0
337.8	640		1 184.0	482.2	900		1 652.0
343.3	650		1 202.0	487.8	910		1 670.0
348.9	660		1 220.0	493.3	920		1 688.0
354.4	670		1 238.0	498.9	930		1 706.0
360.0	680		1 256.0	504.4	940		1 724.0
365.6	690		1 274.0	510.0	950		1 742.0
371.1	700		1 292.0	515.6	960		1 760.0
376.7	710		1 310.0	521.1	970		1 778.0
382.2	720		1 328.0	526.7	980		1 796.0
387.8	730		1 346.0	532.2	990		1 814.0
393.3	740		1 364.0	537.8	1000		1 832.0
398.9	750		1 382.0				

3.5 英寸和毫米换算修约

当前中国运营的航空器，大部分是从美国或欧洲引进的，其手册中均使用英制单位表示，在使用中不可避免地会出现公英制单位的换算。如换算中修约不当，将造成精度要求和公差发生变化，进而带来测量工具、方法等一系列问题。为保证换算的精度要求，参照 GB/T 18776—2002《公差尺寸 英寸和毫米的互换算》[①]，可按照如下方法进行单位换算。

3.5.1 带公差的换算

1. 英寸换算为毫米（见表 3.18）

表 3.18 英寸换算为毫米修约位数

原英制公差/in		修约到的位数/mm
大于或等于	小于	
0.000 01	0.000 1	0.000 01
0.000 1	0.001	0.000 1
0.001	0.01	0.001
0.01	0.1	0.01
0.1	1	1

【例 3.1】英制尺寸：(1.950±0.016)in，上限 1.966 in，下限 1.934 in；由英寸换算为毫米：上限 49.936 4 mm，下限 49.123 6 mm。

原公差为 0.032 in，为 0.01 ~ 0.1 in，查表 3.18 修约需舍入到 0.01 mm，最接近的公制值：上限 49.94 mm，下限 49.12 mm。

2. 毫米换算为英寸（见表 3.19）

表 3.19 毫米换算为英寸修约位数

原公制公差/mm		修约到的位数/in
大于或等于	小于	
0.000 5	0.005	0.000 001
0.005	0.05	0.000 01
0.05	0.5	0.000 1
0.5	5	0.001
5	50	0.01

---

① ISO 标准为 ISO 370：1975。

【例 3.2】公制尺寸：(49.5±0.4)mm，上限 49.9 mm，下限 49.1 mm；换算为英制：上限 1.964 567 0 in，下限 1.933 070 9 in。

原公差等于 0.8 mm，为 0.5 ~ 5 mm，查阅表 3.19，需修约到 0.001 in 位，最接近的英寸值为 1.966 in 和 1.933 in。

3.5.2 无公差近似值的换算

设数值 Q_1 换算后为数值 Q_2，其有效部分（去掉无效零）分别为 M 和 N，设它们的前两位分别 M'和 N'，且 $M'>N'$。M 和 N 的有效位数分别为 m 和 n。

如果 M'与 N'比较接近，符合条件 $M'/N'<\sqrt{10}$（$\sqrt{10}\approx3.2$），则 M 和 N 应取相同的有效位数，即 $m=n$。

如果 M'与 N'相差较大，符合条件 $M'/N'\geqslant\sqrt{10}$，则 N 的有效位数比 M 多一位，$n=m+1$。

【例 3.3】近似值 $Q_1=0.844$，改变单位换算后 $Q_2=1.705\ 435$。Q_1 的有效位数为 $m=3$。Q_1 和 Q_2 这两个值的前两位有效数分别为 $M'=84$ 和 $N'=17$，$M'>N'$ 符合换算条件。

$$M'/N'=84/17=4.9>3.2$$

则

$$n=m+1=3+1=4$$

Q_2 应取 4 位有效数，$Q_2=1.705$。

【例 3.4】近似值 $Q_1=25.4$，改变单位换算后 $Q_2=0.750\ 476$。

Q_1 和 Q_2 这两个数值的前两个有效数分别为 25 和 75（25<75），则应取 $M=750\ 476$，$N=254$。

则 $M'=75$，$N'=25$，$M'>N'$，所以符合换算条件。

此时 $n=3$，

$$M'/N'=3<3.2$$

则 $m=n$，

Q_2 应保留 3 位有效数，即 $Q_2=0.750$。

3.6 ICAO 标准大气

ICAO 标准大气参数见表 3.20。

表 3.20　ICAO 标准大气参数

高度（Altitude）	温度（Temperature）		气压（Pressure）	音速（Speed of sound）
英尺（feet）	华氏度（°F）	摄氏度（°C）	英寸汞柱（in.Hg）	节（knots）
−2 000	66.10	19.0	32.15	666.0
−1 000	62.50	17.0	31.01	663.7
0	59.00	15.0	29.92	661.7
1 000	55.43	13.0	28.86	659.5
2 000	51.87	11.0	27.82	657.2
3 000	48.30	9.1	26.82	654.9
4 000	44.74	7.1	25.84	652.6
5 000	41.17	5.1	24.90	650.3
6 000	37.60	3.1	23.98	647.9
7 000	34.04	1.1	23.09	645.6
8 000	30.47	−0.8	22.23	643.3
9 000	26.90	−2.8	21.39	640.9
10 000	23.34	−4.8	20.58	638.6
15 000	5.51	−14.7	16.89	626.7
20 000	−12.32	−24.6	13.75	614.6
25 000	−30.15	−34.5	11.12	602.2
30 000	−47.90	−44.4	8.885	589.5
35 000	−65.82	−54.2	7.041	576.6
36 089①	−69.70	−56.5	6.683	573.8
40 000	−69.70	−56.5	5.558	573.8
45 000	−69.70	−56.5	4.355	573.8
50 000	−69.70	−56.5	3.425	573.8
55 000	−69.70	−56.5	2.693	573.8
60 000	−69.70	−56.5	2.118	573.8
65 000	−69.70	−56.5	1.665	573.8
70 000	−69.70	−56.5	1.310	573.8
75 000	−69.70	−56.5	1.030	573.8
80 000	−69.70	−56.5	0.810	573.8
85 000	−64.80	−53.8	0.637	573.8
90 000	−56.57	−49.2	0.504	583.4
95 000	−48.34	−44.6	0.400	589.3
100 000	−40.11	−40.1	0.320	595.2

① 36 089 ft 为标准的对流层顶高度（11 000 m）。

3.7 常见固体和液体密度

常见固体和液体密度见表 3.21 和表 3.22。

表 3.21 固体和液体密度

常见固体液体 （Solid and Liquid）	比重[①] Specific Gravity	磅/立方英尺 Pounds/Cubic foot	磅/加仑 Pounds/Gallon
软木（Cork）	0.22	13.7	
航汽（Gasoline）	0.72	44.9	6.02
航煤（Jp-4）	0.79	49.0	6.60
酒精[Alcohol(methyl)]	0.81	50.5	6.76
航煤（Jp-5）	0.82	51.2	6.84
煤油（Kerosine）	0.82	51.2	6.84
润滑油[Oil(petroleum)]	0.89	55.5	7.43
冰（Ice）	0.92	57.4	
润滑油（合成）[Oil(synthetic)]	0.93	58.0	7.76
清水[Water(fresh)]	1.00	62.4	8.35
海水[Water(sea)]	1.03	64.3	8.60
乙二醇（Ethylene glycol）	1.12	69.9	9.35
糖（Sugar）	1.59	99.2	
四氯化碳（Carbon tetrachloride）	1.60	99.8	13.36
镁（Magnesium）	1.74	108.6	
盐（Salt）	2.18	136.0	
铝（Aluminum）	2.70	168.5	
锌（Zinc）	7.10	443.0	
钢（Steel）	7.83	488.6	
铁（Iron）	7.90	493.0	
黄铜（Brass）	8.65	539.8	
铜（Copper）	8.95	558.5	
铅（Lead）	11.37	709.5	
水银（Mercury）	13.55	845.6	113.14
金（Gold）	19.31	1 204.9	

① 比重也称相对密度，固体或液体的比重是该物质（完全密实状态）的密度与在标准大气压、3.98 °C 时纯 H_2O 下的密度（999.972 kg/m^3）的比值。气体的比重是指该气体的密度与标准状况下空气密度的比值。

表 3.22　气体密度

气体 Gas	比重 Specific Gravity	磅/立方英尺 Pounds/Cubic foot
氢气（Hydrogen）	0.073	0.005 61
氦气（Helium）	0.146	0.011 14
空气（Air）	1.000	0.076 51
氮气（Nitrogen）	1.020	0.078 07
氧气（Oxygen）	1.166	0.089 21
二氧化碳（Carbon dioxide）	1.613	0.123 41

3.8　圆周率

直径、周长、面积的对应关系见表 3.23。

表 3.23　直径、周长、面积的对应关系

直径	周长	面积	直径	周长	面积	直径	周长	面积
1	3.142	0.785	19	59.690	283.529	37	116.239	1 075.213
2	6.283	3.142	20	62.832	314.160	38	119.381	1 134.118
3	9.425	7.069	21	65.974	346.361	39	122.522	1 194.593
4	12.566	12.566	22	69.115	380.134	40	125.664	1 256.640
5	15.708	19.635	23	72.257	415.477	41	128.806	1 320.257
6	18.850	28.274	24	75.398	452.390	42	131.947	1 385.446
7	21.991	38.485	25	78.540	490.875	43	135.089	1 452.205
8	25.133	50.266	26	81.682	530.930	44	138.230	1 520.534
9	28.274	63.617	27	84.823	572.557	45	141.372	1 590.435
10	31.416	78.540	28	87.965	615.754	46	144.514	1 661.906
11	34.558	95.033	29	91.106	660.521	47	147.655	1 734.949
12	37.699	113.098	30	94.248	706.860	48	150.797	1 809.562
13	40.841	132.733	31	97.390	754.769	49	153.938	1 885.745
14	43.982	153.938	32	100.531	804.250	50	157.080	1 963.500
15	47.124	176.715	33	103.673	855.301	51	160.222	2 042.825
16	50.266	201.062	34	106.814	907.922	52	163.363	2 123.722
17	53.407	226.981	35	109.956	962.115	53	166.505	2 206.189
18	56.549	254.470	36	113.098	1 017.878	54	169.646	2 290.226

续表

直径	周长	面积	直径	周长	面积	直径	周长	面积
55	172.788	2 375.835	70	219.912	3 848.460	85	267.036	5 674.515
56	175.930	2 463.014	71	223.054	3 959.201	86	270.178	5 808.818
57	179.071	2 551.765	72	226.195	4 071.514	87	273.319	5 944.693
58	182.213	2 642.086	73	229.337	4 185.397	88	276.461	6 082.138
59	185.354	2 733.977	74	232.478	4 300.850	89	279.602	6 221.153
60	188.496	2 827.440	75	235.620	4 417.875	90	282.744	6 361.740
61	191.638	2 922.473	76	238.762	4 536.470	91	285.886	6 503.897
62	194.779	3 019.078	77	241.903	4 656.637	92	289.027	6 647.626
63	197.921	3 117.253	78	245.045	4 778.374	93	292.169	6 792.925
64	201.062	3 216.998	79	248.186	4 901.681	94	295.310	6 939.794
65	204.204	3 318.315	80	251.328	5 026.560	95	298.452	7 088.235
66	207.346	3 421.202	81	254.470	5 153.009	96	301.594	7 238.246
67	210.487	3 525.661	82	257.611	5 281.030	97	304.735	7 389.829
68	213.629	3 631.690	83	260.753	5 410.621	98	307.877	7 542.982
69	216.770	3 739.289	84	263.894	5 541.782	99	311.018	7 697.705

3.9 三角函数

三角形三边及夹角的关系如图 3.2 所示，常用三角函数关系见表 3.24。

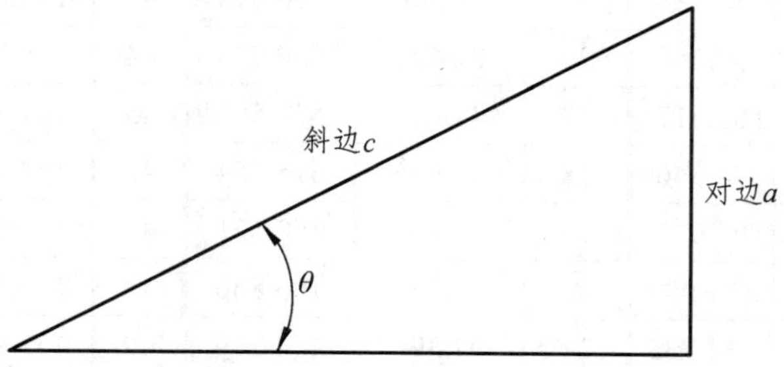

图 3.2 三角形三边及夹角

$$\sin \mathrm{e}(\sin)\theta = \frac{\text{对边}a}{\text{斜边}c}$$

$$\operatorname{cosin} \mathrm{e}(\cos)\theta = \frac{\text{侧边}b}{\text{斜边}c}$$

$$\text{tangent}(\tan)\theta = \frac{\text{对边}a}{\text{侧边}b}$$

$$\text{cotangent}(\cot)\theta = \frac{\text{侧边}b}{\text{对边}a}$$

表 3.24 常用三角函数关系

角度		正弦（sin）	余弦（cos）	正切（tan）	余切（cot）
0°	00'	0.000 0	1.000 0	0.000 0	
	30'	0.008 7	1.000 0	0.008 7	114.588 7
1°	00'	0.017 5	0.999 8	0.017 5	57.290 0
	30'	0.026 2	0.999 7	0.026 2	38.188 5
2°	00'	0.034 9	0.999 4	0.034 9	28.636 3
	30'	0.043 6	0.999 0	0.043 7	22.903 8
3°	00'	0.052 3	0.998 6	0.052 4	19.081 1
	30'	0.061 0	0.998 1	0.061 2	16.349 9
4°	00'	0.069 8	0.997 6	0.069 9	14.300 7
	30'	0.078 5	0.996 9	0.078 7	12.706 2
5°	00'	0.087 2	0.996 2	0.087 5	11.430 1
	30'	0.095 8	0.995 4	0.096 3	10.385 4
6°	00'	0.104 5	0.994 5	0.105 1	9.514 4
	00'	0.113 2	0.993 6	0.113 9	8.776 9
7°	30'	0.121 9	0.992 5	0.122 8	8.144 3
	00'	0.130 5	0.991 4	0.131 7	7.595 8
8°	30'	0.139 2	0.990 3	0.140 5	7.115 4
	00'	0.147 8	0.989 0	0.149 5	6.691 2
9°	30'	0.156 4	0.987 7	0.158 4	6.313 8
	00'	0.165 0	0.986 3	0.167 3	5.975 8
10°	30'	0.173 6	0.984 8	0.176 3	5.671 3
	00'	0.182 2	0.983 3	0.185 3	5.395 5
11°	30'	0.190 8	0.981 6	0.194 4	5.144 6
	00'	0.199 4	0.979 9	0.203 5	4.915 2
12°	30'	0.207 9	0.978 1	0.212 6	4.704 6
	00'	0.216 4	0.976 3	0.221 7	4.510 7

续表

角度		正弦（sin）	余弦（cos）	正切（tan）	余切（cot）
13°	00'	0.225 0	0.974 4	0.230 9	4.331 5
	30'	0.233 4	0.972 4	0.240 1	4.165 3
14°	00'	0.241 9	0.970 3	0.249 3	4.010 8
	30'	0.250 4	0.968 1	0.258 6	3.866 7
15°	00'	0.258 8	0.965 9	0.267 9	3.732 1
	30'	0.267 2	0.963 6	0.277 3	3.605 9
16°	00'	0.275 6	0.961 3	0.286 7	3.487 4
	30'	0.284 0	0.958 8	0.296 2	3.375 9
17°	00'	0.292 4	0.956 3	0.305 7	3.270 9
	30'	0.300 7	0.953 7	0.315 3	3.171 6
18°	00'	0.309 0	0.951 1	0.324 9	3.077 7
	30'	0.317 3	0.948 3	0.334 6	2.988 7
19°	00'	0.325 6	0.945 5	0.344 3	2.904 2
	00'	0.333 8	0.942 6	0.354 1	2.823 9
20°	30'	0.342 0	0.939 7	0.364 0	2.747 5
	00'	0.350 2	0.936 7	0.373 9	2.674 6
21°	30'	0.358 4	0.933 6	0.383 9	2.605 1
	00'	0.366 5	0.930 4	0.393 9	2.538 6
22°	30'	0.374 6	0.927 2	0.404 0	2.475 1
	00'	0.382 7	0.923 9	0.414 2	2.414 2
23°	30'	0.390 7	0.920 5	0.424 5	2.355 9
	00'	0.398 7	0.917 1	0.434 8	2.299 8
24°	30'	0.406 7	0.913 5	0.445 2	2.246 0
	00'	0.414 7	0.910 0	0.455 7	2.194 3
25°	30'	0.422 6	0.906 3	0.466 3	2.144 5
	00'	0.430 5	0.902 6	0.477 0	2.096 5
26°	00'	0.438 4	0.898 8	0.487 7	2.050 3
	30'	0.446 2	0.894 9	0.498 6	2.005 7
27°	00'	0.454 0	0.891 0	0.509 5	1.962 6
	30'	0.461 7	0.887 0	0.520 6	1.921 0

续表

角度		正弦（sin）	余弦（cos）	正切（tan）	余切（cot）
28°	00'	0.469 5	0.882 9	0.531 7	1.880 7
	30'	0.477 2	0.878 8	0.543 0	1.841 8
29°	00'	0.484 8	0.874 6	0.554 3	1.804 0
	30'	0.492 4	0.870 4	0.565 8	1.767 5
30°	00'	0.500 0	0.866 0	0.577 4	1.732 1
	30'	0.5075	0.8616	0.589 0	1.697 7
31°	00'	0.5150	0.8572	0.600 9	1.664 3
	30'	0.5225	0.8526	0.612 8	1.631 9
32°	00'	0.5299	0.8480	0.624 9	1.600 3
	00'	0.5373	0.8434	0.637 1	1.569 7
33°	30'	0.5446	0.8387	0.649 4	1.539 9
	00'	0.5519	0.8339	0.661 9	1.510 8
34°	30'	0.5592	0.8290	0.674 5	1.482 6
	00'	0.5664	0.8241	0.687 3	1.455 0
35°	30'	0.5736	0.8192	0.700 2	1.428 1
	00'	0.5807	0.8141	0.713 3	1.401 9
36°	30'	0.5878	0.8090	0.726 5	1.376 4
	00'	0.5948	0.8039	0.740 0	1.351 4
37°	30'	0.6018	0.7986	0.753 6	1.327 0
	00'	0.6088	0.7934	0.767 3	1.303 2
38°	30'	0.6157	0.7880	0.781 3	1.279 9
	00'	0.6225	0.7826	0.795 4	1.257 2
39°	00'	0.6293	0.7771	0.809 8	1.234 9
	30'	0.6361	0.7716	0.824 3	1.213 1
40°	00'	0.6428	0.7660	0.839 1	1.191 8
	30'	0.6494	0.7604	0.854 1	1.170 8
41°	00'	0.6561	0.7547	0.869 3	1.150 4
	30'	0.6626	0.7490	0.884 7	1.130 3
42°	00'	0.6691	0.7431	0.900 4	1.110 6
	30'	0.6756	0.7373	0.916 3	1.091 3

续表

角度		正弦（sin）	余弦（cos）	正切（tan）	余切（cot）
43°	00'	0.6820	0.7314	0.932 5	1.072 4
	30'	0.6884	0.7254	0.949 0	1.053 8
44°	00'	0.6947	0.7193	0.965 7	1.035 5
	30'	0.7009	0.7133	0.982 7	1.017 6
45°	00'	0.7071	0.7071	1.000 0	1.000 0

3.10 开方、平方、三次方及开三次方

数值与其开方、平方、三次方、开三次方的关系见表 3.25。

表 3.25 数值与其开方、平方、三次方、开三次方

数值	平方	开方	三次方	开三次方
1	1	1.000 0	1	1.000 0
2	4	1.414 2	8	1.259 9
3	9	1.732 1	27	1.442 2
4	16	2.000 0	64	1.587 4
5	25	2.236 1	125	1.710 0
6	36	2.449 5	216	1.817 1
7	49	2.645 8	343	1.912 9
8	64	2.828 4	512	2.000 0
9	81	3.000 0	729	2.080 1
10	100	3.162 3	1 000	2.154 4
11	121	3.316 6	1 331	2.224 0
12	144	3.464 1	1 728	2.289 4
13	169	3.605 6	2 197	2.351 3
14	196	3.741 7	2 744	2.410 1
15	225	3.873 0	3 375	2.466 2
16	256	4.000 0	4 096	2.519 8
17	289	4.123 1	4 913	2.571 3
18	324	4.242 6	5 832	2.620 7
19	361	4.358 9	6 859	2.668 4

续表

数值	平方	开方	三次方	开三次方
20	400	4.472 1	8 000	2.714 4
21	441	4.582 6	9 261	2.758 9
22	484	4.690 4	10 648	2.802 0
23	529	4.795 8	12 167	2.843 9
24	576	4.899 0	13 824	2.884 5
25	625	5.000 0	15 625	2.924 0
26	676	5.099 0	17 576	2.962 5
27	729	5.196 2	19 683	3.000 0
28	784	5.291 5	21 952	3.036 6
29	841	5.385 2	24 389	3.072 3
30	900	5.477 2	27 000	3.107 2
31	961	5.567 8	29 791	3.141 4
32	1 024	5.656 9	32 768	3.174 8
33	1 089	5.744 6	35 937	3.207 5
34	1 156	5.831 0	39 304	3.239 6
35	1 225	5.916 1	42 875	3.271 1
36	1 296	6.000 0	46 656	3.301 9
37	1 369	6.082 8	50 653	3.332 2
38	1 444	6.164 4	54 872	3.362 0
39	1 521	6.245 0	59 319	3.391 2
40	1 600	6.324 6	64 000	3.420 0
41	1 681	6.403 1	68 921	3.448 2
42	1 764	6.480 7	74 088	3.476 0
43	1 849	6.557 4	79 507	3.503 4
44	1 936	6.633 2	85 184	3.530 3
45	2 025	6.708 2	91 125	3.556 9
46	2 116	6.782 3	97 336	3.583 0
47	2 209	6.855 7	103 823	3.608 8
48	2 304	6.928 2	110 592	3.634 2
49	2 401	7.000 0	117 649	3.659 3

续表

数值	平方	开方	三次方	开三次方
50	2 500	7.071 1	125 000	3.684 0
51	2 601	7.141 4	132 651	3.708 4
52	2 704	7.211 1	140 608	3.732 5
53	2 809	7.280 1	148 877	3.756 3
54	2 916	7.348 5	157 464	3.779 8
55	3 025	7.416 2	166 375	3.803 0
56	3 136	7.483 3	175 616	3.825 9
57	3 249	7.549 8	185 193	3.848 5
58	3 364	7.615 8	195 112	3.870 9
59	3 481	7.681 1	205 379	3.893 0
60	3 600	7.746 0	216 000	3.914 9
61	3 721	7.810 2	226 981	3.936 5
62	3 844	7.874 0	238 328	3.957 9
63	3 969	7.937 3	250 047	3.979 1
64	4 096	8.000 0	262 144	4.000 0
65	4 225	8.062 3	274 625	4.020 7
66	4 356	8.124 0	287 496	4.041 2
67	4 489	8.185 4	300 763	4.061 5
68	4 624	8.246 2	314 432	4.081 7
69	4 761	8.306 6	328 509	4.101 6
70	4 900	8.366 6	343 000	4.121 3
71	5 041	8.426 1	357 911	4.140 8
72	5 184	8.485 3	373 248	4.160 2
73	5 329	8.544 0	389 017	4.179 3
74	5 476	8.602 3	405 224	4.198 3
75	5 625	8.660 3	421 875	4.217 2
76	5 776	8.717 8	438 976	4.235 8
77	5 929	8.775 0	456 533	4.254 3
78	6 084	8.831 8	474 552	4.272 7
79	6 241	8.888 2	493 039	4.290 8

续表

数值	平方	开方	三次方	开三次方
80	6 400	8.944 3	512 000	4.308 9
81	6 561	9.000 0	531 441	4.326 7
82	6 724	9.055 4	551 368	4.344 5
83	6 889	9.110 4	571 787	4.362 1
84	7 056	9.165 2	592 704	4.379 5
85	7 225	9.219 5	614 125	4.396 8
86	7 396	9.273 6	636 056	4.414 0
87	7 569	9.327 4	658 503	4.431 0
88	7 744	9.380 8	681 472	4.448 0
89	7 921	9.434 0	704 969	4.464 7
90	8 100	9.486 8	729 000	4.481 4
91	8 281	9.539 4	753 571	4.497 9
92	8 464	9.591 7	778 688	4.514 4
93	8 649	9.643 7	804 357	4.530 7
94	8 836	9.695 4	830 584	4.546 8
95	9 025	9.746 8	857 375	4.562 9
96	9 216	9.798 0	884 736	4.578 9
97	9 409	9.848 9	912 673	4.594 7
98	9 604	9.899 5	941 192	4.610 4
99	9 801	9.949 9	970 299	4.626 1
100	10 000	10.000 0	1 000 000	4.641 6

第 4 章
维修工具

4.1　测量工具

4.1.1　游标卡尺 Vernier Caliper

游标卡尺是用于长度、内外径和深度的测量工具（见图 4.1），它由主尺和附在主尺上的滑动游标尺组成。按照测量单位划分，通常有公制和英制两种。

注意：（1）游标卡尺为精密量具，需定期校验，因此在使用时先确认该量具在校验日期内。

（2）用游标卡尺测量零件时，不允许过分地施加压力，所用压力应使两个量爪刚好接触零件表面。测量压力过大，不但会使量爪弯曲或磨损，且量爪会在压力作用下产生弹性变形，使量得的尺寸不准确。

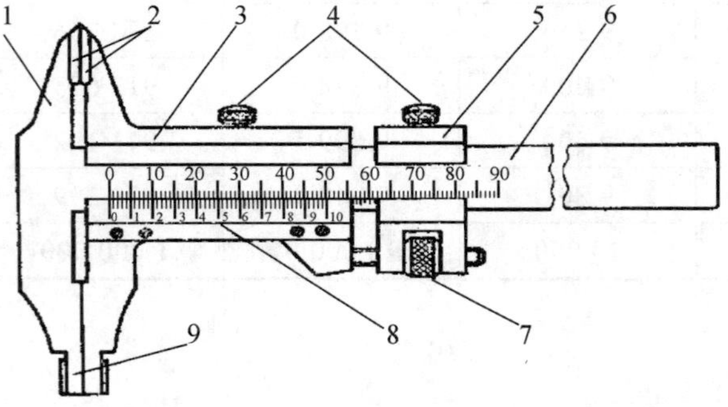

1—尺身；2—上量爪；3—尺框；4—紧固螺钉；5—微动装置；
6—主尺；7—微动螺母；8—游标；9—下量爪。

图 4.1　游标卡尺的结构形式

1. 公制游标卡尺

公制游标卡尺的主尺一般以毫米为最小单位，游标尺根据测量精度不同有 10 分度（精度为 0.1 mm）、20 分度（精度为 0.05 mm）和 50 分度（精度为 0.02 mm）几种。

游标卡尺的测量值=主尺上的读数+游标尺读数×精度

精度=1 mm/分度数

以 50 分度游标卡尺为例，进行读数讲解（见图 4.2）。

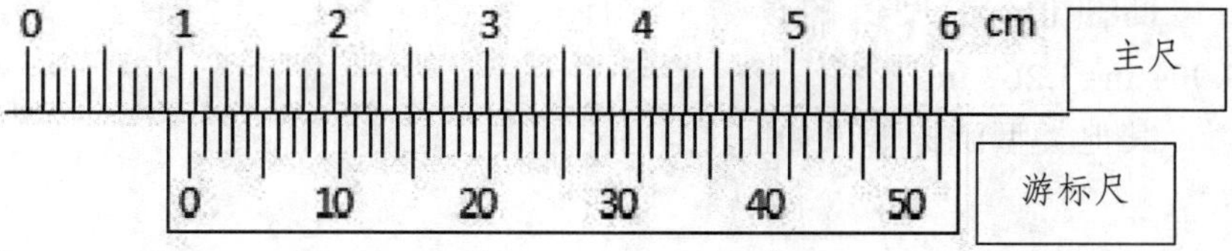

图 4.2　公制游标卡尺

第一步：确认游标卡尺最小单位为毫米，游标尺分度数为 50 分度，即精度为 1 mm/50=0.02 mm。

第二步：读出主尺上读数为 10 mm，即游标尺 0 位对应的主尺读数。

第三步：读出游标尺上读数为 25，即游标尺刻度线与主尺刻度线对齐的读数。

第四步：计算测量值。

测量值=主尺上的读数+游标尺读数×精度=10 mm+25×0.02 mm=10.50 mm。

2. 英制游标卡尺

英制游标卡尺的主尺一般以 0.025 in 为最小测量单位。

精度=0.025 in/分度数

以 25 分度游标卡尺为例，进行读数讲解（见图 4.3）。

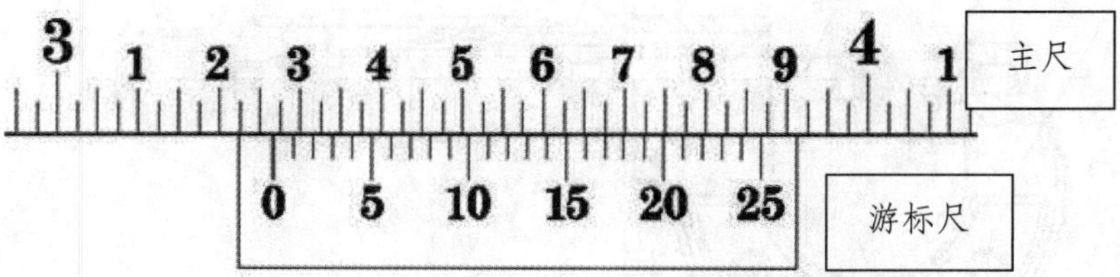

图 4.3　英制游标卡尺

第一步：确认游标卡尺单位为英寸，游标尺分度数为 25 分度，即精度为 0.001 in。

第二步：读出主尺上读数为 3.2 in+2×0.025 in，即游标尺 0 位对应的主尺读数。

第三步：读出游标尺上读数为 17，即游标尺刻度线与主尺刻度线对齐的读数。

第四步：计算测量值。

测量值=主尺上的读数+游标尺读数×精度=3.2 in+2×0.025 in+17×0.001 in=3.267 in。

其他类型游标卡尺如图 4.4 所示。

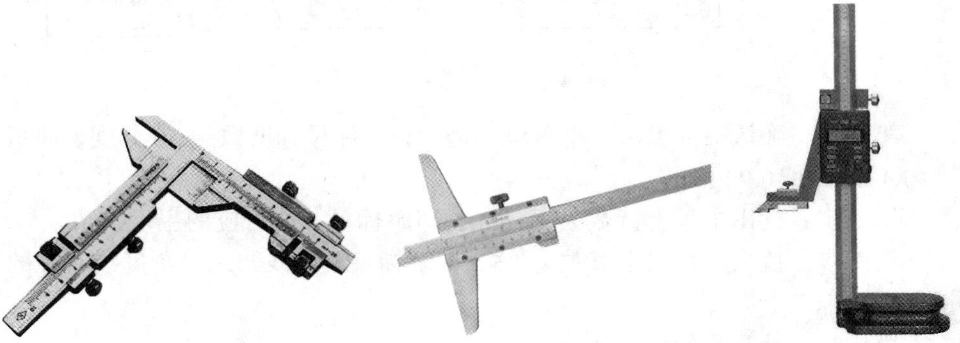

（a）齿厚游标卡尺　　（b）深度游标卡尺　　（c）高度游标卡尺

图 4.4　常见游标卡尺类型

4.1.2　螺旋测微器（Micrometer Caliper）

应用螺旋测微原理制成的量具，称为螺旋测微器（见图 4.5）。其测量精度比游标卡尺高，并且测量比较灵活。精确到 0.01 mm 的螺旋测微器常称为百分尺，精确到 0.001 mm 的螺旋测微器常称为千分尺。

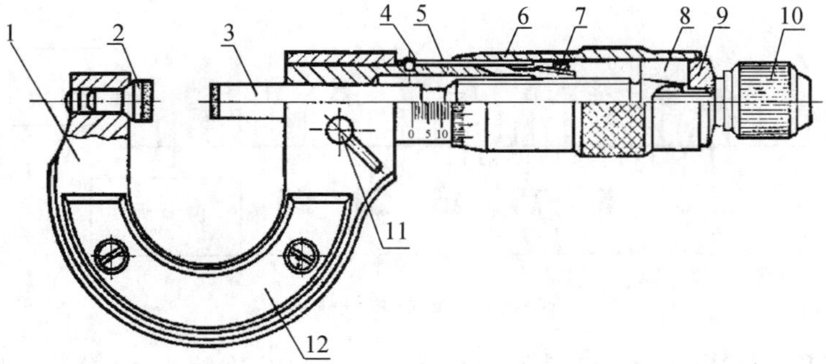

1—尺架；2—固定测砧；3—测微螺杆；4—螺纹轴套；5—固定刻度套筒；6—微分筒；7—调节螺母；8—接头；9—垫片；10—测力装置；11—锁紧螺钉；12—绝热板。

图 4.5　螺旋测微器

注意：（1）使用前应把螺旋测微器的两个测砧面擦干净，转动测力装置，使两测砧面接触（或与量块接触），接触面上应没有间隙和漏光现象，同时微分筒和固定套筒要对准零位。

（2）转动测力装置时，微分筒应能自由灵活地沿着固定套筒活动，没有任何轧卡和不灵活的现象。如有活动不灵活的现象，应送计量站及时检修。

（3）不允许用力旋转微分筒来增加测量压力，使测微螺杆过分压紧零件表面，致使精密螺纹因受力过大而发生变形，这样会损坏螺旋测微器的精度。

（4）用螺旋测微器测量零件时，最好在零件上进行读数，放松后取出百分尺，这样可减少测砧面的磨损。如果必须取下读数时，应用制动器锁紧测微螺杆后，再轻轻滑出零件，减少测砧面的磨损。

（5）手持螺旋测微器应握在护板（隔热板）处，避免手温影响测量准确度；对于超常温的工件，不要进行测量，以免产生读数误差。

螺旋测微器主尺分下刻度和上刻度，下刻度标识了数字 0、5、10 等。下刻度表示的是毫米数，上刻度表示的是半毫米。

以公制螺旋测微器（精度 0.01 mm，见图 4.6）为例，进行读数讲解。

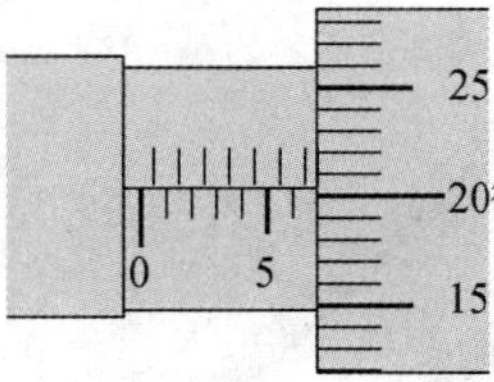

图 4.6　公制螺旋测微器

第一步：确认螺旋测微器精度，螺旋测微器主尺最小刻度为 0.5 mm，微分尺分度数为 50，则精度=0.5 mm/50=0.01 mm。

第二步：读主尺下刻度数值，为 6 mm。

第三步：读主尺上刻度数值，为 0.5 mm。

第四步：读微分尺数值为 20，由于主尺横线并未完全对准，还应估读一位数字，即微分尺数值约为 20.3。则微分尺读数=微分尺数值×精度=20.3×0.01 mm=0.203 mm。

则螺旋测微器读数为：主尺下刻度数值+主尺上刻度数值+微分尺数值=6 mm+0.5 mm+0.203 mm=6.703 mm。

4.1.3　伸缩量规（Telescoping Gauge）和小孔量规（Small Hole Gauge）

当孔内径特别小而不便于使用内径千分尺时，可使用小孔量规。小孔量规一般由几个不同规格的量规组成一套（见图 4.7），使用时选择合适的规格，将量规放入孔内，顺时针拧动量规末端的旋钮，让孔中心线与量规轴线在一条直线上，紧度合适时取出量规在千分尺上读出数据。

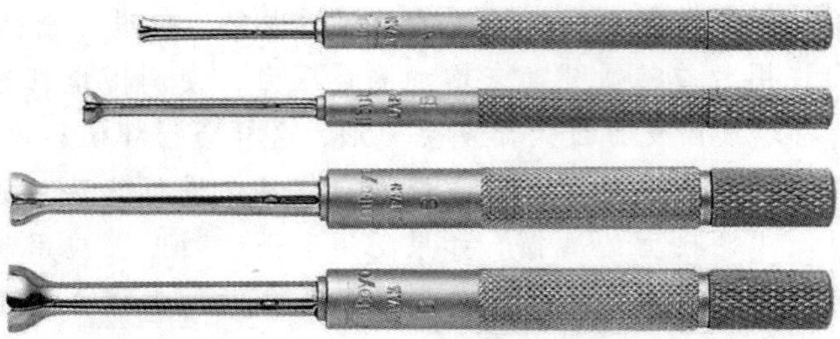

图 4.7　小孔量规

伸缩量规（见图 4.8）用于打孔内部直径的测量。

图 4.8　伸缩量规

伸缩量规的测量方法（见图 4.9）如下：

第一步：松开量规手柄末端的滚花螺母，压缩测量头，放入被测孔中。

第二步：晃动手柄，使测量头无倾斜。

第三步：拧紧量规手柄末端的滚花螺母，使测量头固定。然后转动手柄 5°～10°，使测量头倾斜，取出测量头。

第四步：用螺旋测微器测量量规测量头的长度。

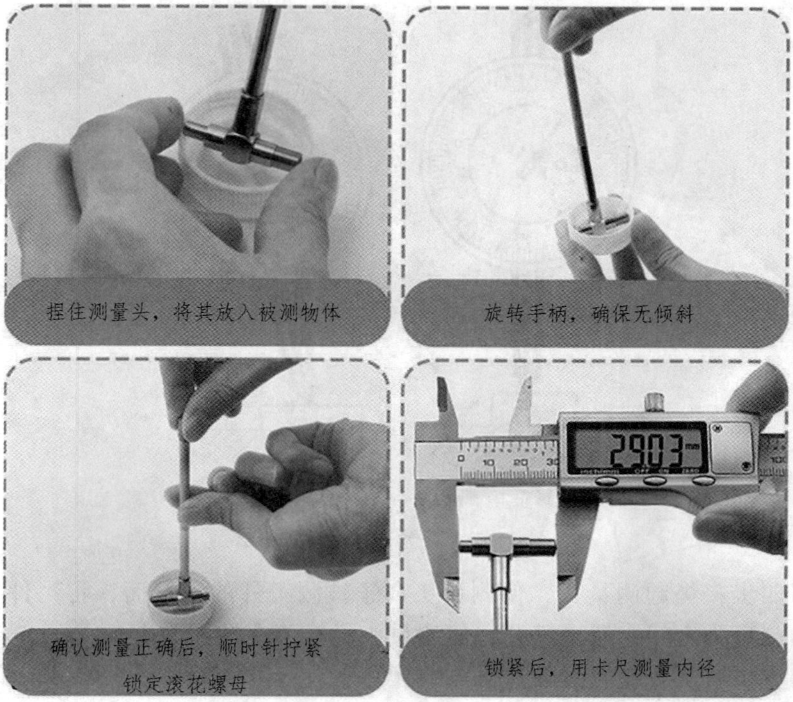

图 4.9　伸缩量规测量方法

4.1.4　百分表/千分表

百分表/千分表可将测量杆的直线位移，通过机械传动系统转变为指针在表盘上的角位移，以读取测量值。测量精度值为 0.01 mm 的通常称为百分表，测量精度值为 0.002 mm 或 0.001 mm 的通常称为千分表（以下都简称为百分表）。

注意：（1）百分表测量杆应垂直于被测量面，不得倾斜，否则会影响测量结果准确性（见图 4.10）。

（2）正确选择测量头的形状，平测量头用于测量球形表面，球面测量头用于测量平面或圆柱面，尖测量头用于测量凹面。

测量方法（见图 4.11）：

第一步：用磁性基座固定百分表。

第二步：用手捏住百分表测量杆上端的挡帽，轻轻提拉几次，表针每次都应回到原位。

第三步：捏住百分表测量杆上端的挡帽，提起测量头，使测量头高于基准块的基准。将基准块推入百分表测量头下，慢慢松开，使测量头轻轻落在基准面上，对百分表进行调零。

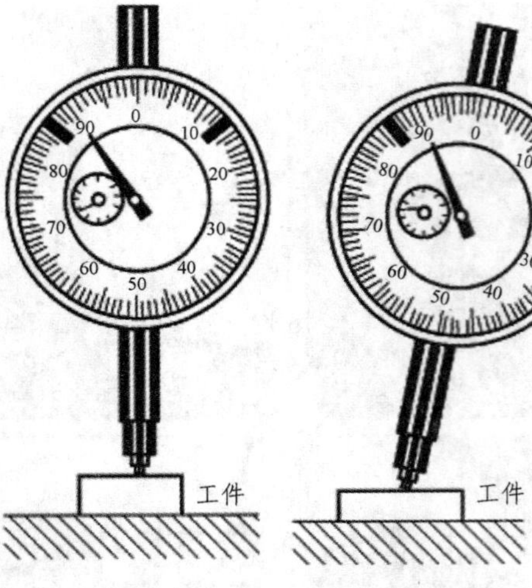

（a）正确　　（b）错误

图 4.10　百分表的使用方法

第四步：提起测量头，使测量头高于被测工件的测量面，将工件推入基准块和测量头之间，慢慢松开，使测量头轻轻落在被测面上。

第五步：从表盘上读数。

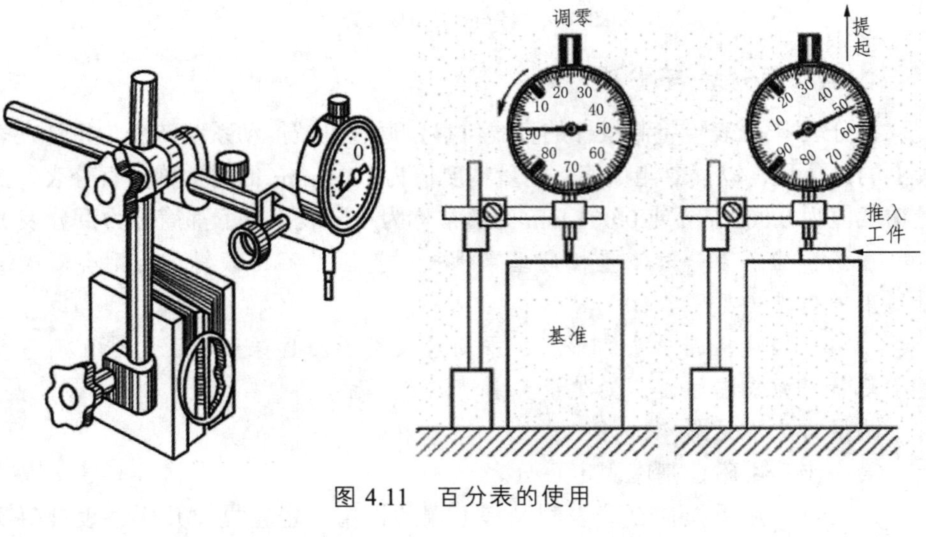

图 4.11　百分表的使用

4.1.5　T5 张力计（T5 Tensionmeter）

张力计使用过程中，选择正确的顶块是非常重要的，应根据所测钢索尺寸选择顶块。如果顶块选择错误，除了造成读数错误之外，还有可能损坏张力计。每个张力计均配有一张专用校准卡，校准卡右上角标注的序列号必须与张力计铭牌上的序列号一致。使用不一致的校准卡会给出错误的读数。在将张力计夹紧在钢索上之前，必须先检查锁定杆是否处于解锁位置。为了避免使用中坠落损坏，使用者应使用可调节的腕带，如图 4.12 所示。

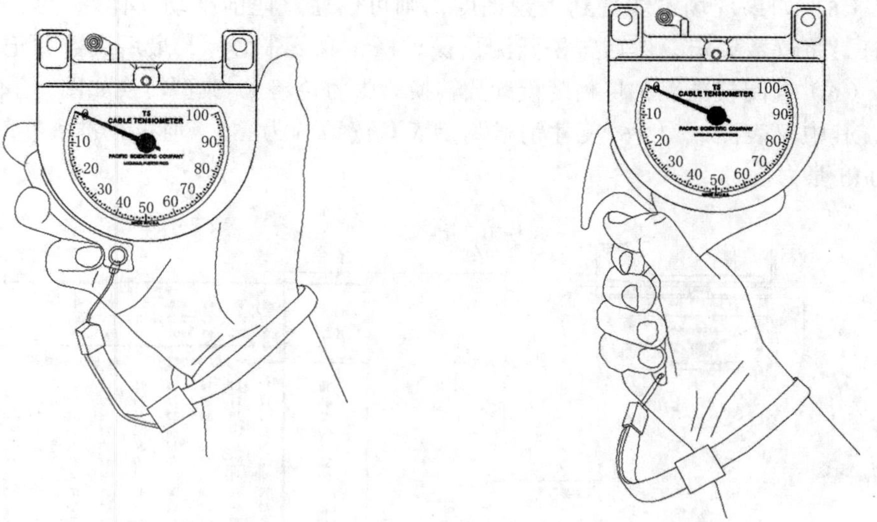

图 4.12　使用 T5 张力计

T5 张力计测量方法如下：

（1）使用钢索尺寸量规（P/N T523，见图 4.13）测量钢索尺寸。

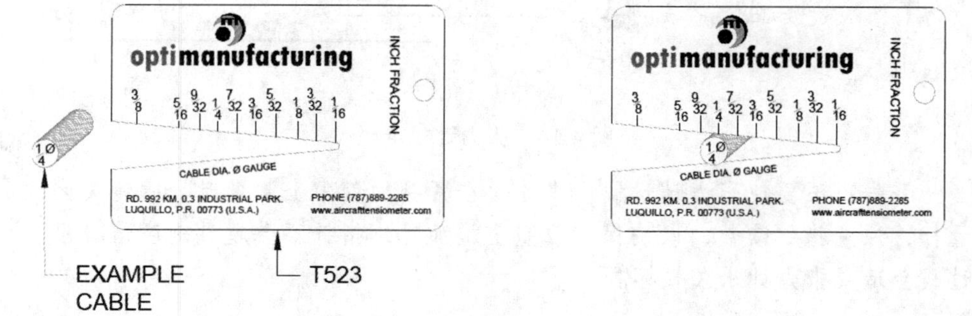

图 4.13　钢索尺寸量规

（2）取出张力计，核对序列号。打开张力计测量杆（张力计测量操纵杆尽可能远离壳体），将钢索放在张力计测量口上。

（3）合上测量操纵杆（张力计测量操纵杆尽可能靠近张力计壳体）。

（4）如果能看到表盘刻度，则读取读数并记录。然后将测量操纵杆从壳体上移开，取下张力计。

注意：由于钢索表面凸凹不平，在相同张力下，同一钢索上不同位置测量读数可能会有小的差异。如果需要尽可能接近准确值，可在钢索不同位置测量 3～5 个张力值，然后取平均值。

（5）如果现场不能看到表盘刻度，则可以通过向前推动壳体左上角的锁定杆，将读数锁定。然后，松开测量操纵杆，取下张力计，最后读数并记录。

（6）查阅校准表，将刻度盘读数转换为张力（磅）。典型转换如图 4.14 所示，其中仪表测试 1/16 英寸钢索测量表盘读数约为 55，通过校准表换算为 160 lb 张力。

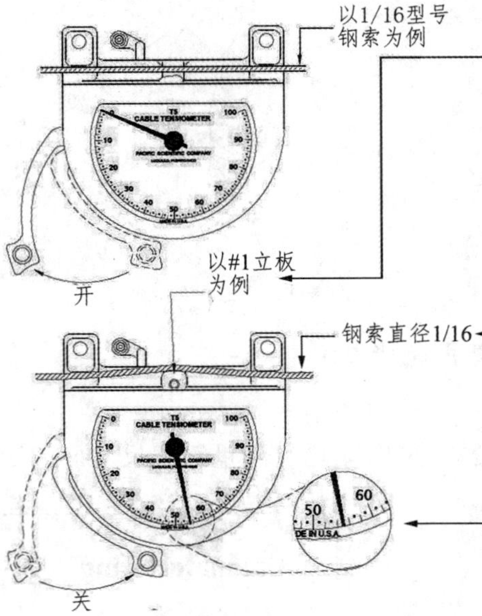

张力计校准

型号　　序号

钢索张力	#1	#1	#1	#2C	#2C	#3	#3		
	1/16	3/32	1/8	5/32	3/16	7/32	1/4		
	INSTRUMENTAL DIAL READING								
30	12	16	19	14	18	18	26	0	0
40	17	21	25	17	23	22	31	0	0
50	21	25	30	20	26	25	34	0	0
60	25	29	34	24	30	28	38	0	0
70	29	33	39	27	34	30	42	0	0
80	33	37	44	30	37	33	45	0	0
90	36	41	48	33	40	36	48	0	0
100	39	44	52	36	43	38	50	0	0
110	42	48	57	38	46	41	52	0	0
120	45	52	61	41	49	44	55	0	0
130	48	55	65	43	52	46	58	0	0
140	50	58	68	45	55	48	60	0	0
150	52	62	72	47	58	50	63	0	0
160	55	65	76	49	61	52	66	0	0
170	58	68	79	51	63	54	68	0	0
180	60	70	82	[illegible]	66	56	71	0	0
190	63	73	85	55	68	58	74	0	0
200	66	76	88	57	70	60	76	0	0
220	0	0	0	60	74	63	80	0	0
240	0	0	0	64	78	66	84	0	0
260	0	0	0	68	81	68	88	0	0
280	0	0	0	71	85	71	92	0	0
300	0	0	0	74	88	73	94	0	0

图 4.14　张力计校准

警告：不要使张力计过载。当首次在紧绷的钢索上测量时，缓慢关闭测量杆，注意指针读数，以确保负载完全施加时，指针不会超过刻度值极限。过载会造成张力计永久损坏。

4.1.6　T60 张力计（T60 Tensionmeter）

T60 张力计（见图 4.15）可右手操作，也可使用左手操作。手柄锁用来固定测量手柄。当测量手柄被压下时，锁销会自动释放。如需重新锁定测量手柄，必须将手柄紧紧压下，并将手柄锁从底部向上推（抵消弹簧力），然后将测量手柄缓慢地释放，手柄锁锁上。手柄锁上端保留在测量手柄提供的止动座中。

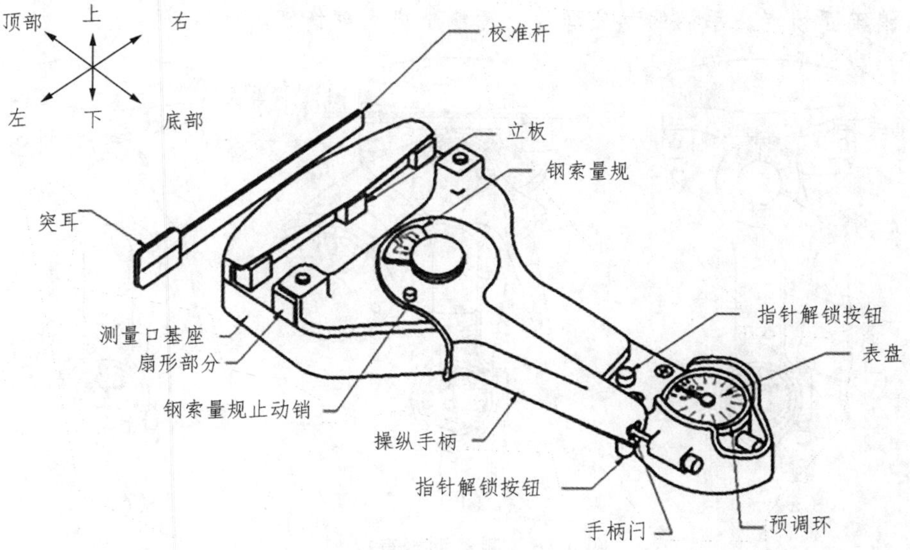

图 4.15　T60 张力计

注意：(1) 每次将张力计从盒中取出使用时，都应检查铭牌上的序列号，以确认其与校准杆上的序列号一致。在使用张力计前，使用校准杆检查校准。

(2) 操作张力计手柄时，手柄不应突然打开，应逐渐松开，使装置能牢固地夹在钢索上。

警告：在安装有钢索张力自动调节装置的钢索系统中，不能使用钢索张力计来调整预紧力。所有这些钢索系统应通过调整张力自动调节装置来张紧，以使钢索张力调节装置刻度上的指针指示与环境温度相匹配的读数（AMM 手册给出）。张力计可用于检查由此获得的张力。因此，带自动调节装置的钢索张力读数取决于调节控制系统，如果按照其测量张力来调节钢索，会产生误导，而造成钢索系统损坏。

1. 测量钢索直径

(1) 在测量手柄处于锁定位置的情况下，将钢索直径表向左移动，靠在钢索直径测量止动销上，如图 4.16（a）所示。

(2) 通过压下测量手柄，松开手柄锁销。未锁定的测量手柄保持在压下位置。将测量口放在钢索上，确保钢索与测量口对齐。慢慢松开测量手柄，使扇形部分滑动并夹紧钢索。然后完全释放测量手柄。过程如图 4.16（b）所示。

(3) 将测量手柄恢复到锁定位置，从钢索上取下张力计。钢索直径表对应的黑线指示的数值即为钢索直径，如图 4.16（c）所示。

警告：重新锁紧测量手柄时，请确认锁销牢固锁定。下一次使用也应确认锁销牢固锁定。手柄的意外释放，可能造成人身伤害。

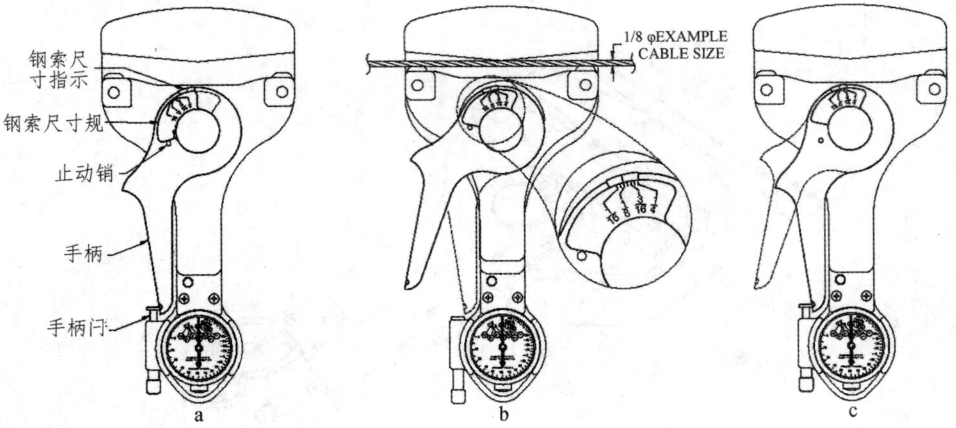

（a）　　　　　　　　（b）　　　　　　　　（c）

图 4.16　测量钢索直径

2. 测量钢索张力（C8 型）

（1）通过旋转千分表的滚花边缘来预设刻度盘，直到指针位于与钢索直径相对应的线上，如图 4.17（a）所示。

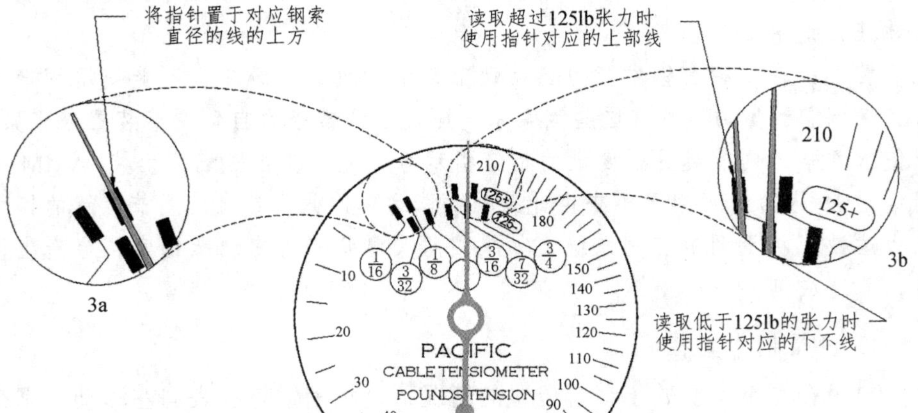

（a）　　　　　　　　（b）　　　　　　　　（c）

图 4.17　测量钢索张力

注：① 在刻度盘上可以看到两行预设的线。一行由“125-”标识；另一行由“125+”标识。当测量 125 lb 以下的张力时，使用下部的线；当测量 125 lb

以上的张力时，使用上部的线，如图 4.17（b）所示。

② 当使用有涂层的钢索时，应预先设定包含外部涂层的钢索外径。例如，如果 5/32 in 钢索包含涂层的外径为 7/32 in，则刻度盘指针预设值应在 7/32 in，而不是在 5/32 in 上。要获得带涂层钢索外径测量值，可使用上述直径测量程序。

（2）压下测量手柄，释放手柄锁。将释放的测量手柄保持在压下位置。将张力计测量口放在钢索上，确保测量口与钢索对齐。慢慢松开测量手柄，使扇形部分滑动并夹紧钢索。然后完全释放测量手柄。

（3）当张力计完全夹住钢索时，通过表盘表面的指针指示直接读取张力。

注意：此时手应该轻轻托起张力计，以抵消张力计重力对钢索张力的影响。

（4）将测量手柄压下，并用手柄锁将手柄锁定到位。取下张力计。

C9 型钢索张力计的使用方式与 C8 型相同。C9 型张力计量程比 C8 型大，在刻度盘上的预设线条一排由“250-”标识，另一排由“250+”标识。当测量 250 lb 以下的钢索张力时，使用由“250-”标识的线条；反之，使用“250+”标识的线条。

当方便在位直接读取表盘读数时，让测量手柄保持打开状态，张力计夹在钢索上。按下指针锁定按钮，表盘指针将锁定在指示位置。然后，压下测量手柄，取下张力计。读取表盘读数。如要释放此读数，可向上提指针解锁按钮。

由于绞合钢索表面不平，在相同张力下，同一钢索上的读数可能会有差异。直径为 5/32 in 及以上的钢索尤其如此。为了获得尽可能高的精度，在钢索上不同的位置读取 3 ~ 5 个读数，然后平均，以获得最大的准确度。

注意：T60 系列钢索张力计是飞机控制用柔性钢丝绳的标准校准仪器。有涂层或无涂层的软钢索应符合 MIL-DTL-83420。大多数飞机系统使用柔性钢索，但一些飞机同时使用柔性和非柔性钢索。当测量非柔性钢索时，柔性钢索张力仪不能给出正确的张力读数。非柔性钢索应符合 MIL-DTL-87161（代替 MIL-W87161 和 MIL-W-5693），同样也应使用同一类型张力计仪器。

3. 校准杆

每个张力计都配有校准杆，该校准杆用于在使用过程中检查仪器精度。每个校准杆都有负载标识，在使用前应仔细阅读这个标识。“标识”中还带有与特定校准条对应的张力计序列号，校准条的序列号应与被校准设备序列号一致。按如下步骤检查校准：

（1）将千分表表盘预设为列出的最小电缆尺寸，C8 为 1/16 in，C9 为

1/8 in，英国型号 C8 为 3 cwt，C9 为 10 cwt。

（2）抓住左侧的校准杆标识卡舌。

（3）将校准杆放置在张力计测量口中，使标识卡舌面向使用者，杆的右端与仪器边缘齐平。

（4）缓慢松开测量手柄，使测量口夹紧校准杆，记下表盘上的读数。以这种方式获得的读数应与标识标签上标记的读数一致，误差在±2%范围内。

注意：钢索张力计是一种精密仪器，不能使张力计超过刻度盘指示的最大负载，否则将会损坏。

4.2 力矩及力矩扳手

4.2.1 力矩扳手的使用

力矩扳手是一种精密控制力矩的专用工具，一定要根据螺栓预估力矩选择合适量程的力矩扳手。通常，机械式力矩扳手总量程的 20% ~ 100%为可用量程，电子式力矩扳手总量程的 10% ~ 100%为可用量程。力矩扳手需定期校验，超过校验期的力矩扳手不得使用。力矩扳手的使用如图 4.18 所示。

注意：（1）不能使用力矩扳手拆卸螺栓或螺母，否则可能造成力矩扳手损坏。

（2）严禁在力矩扳手手柄端加套管延长力臂，否则会造成力矩扳手损坏。

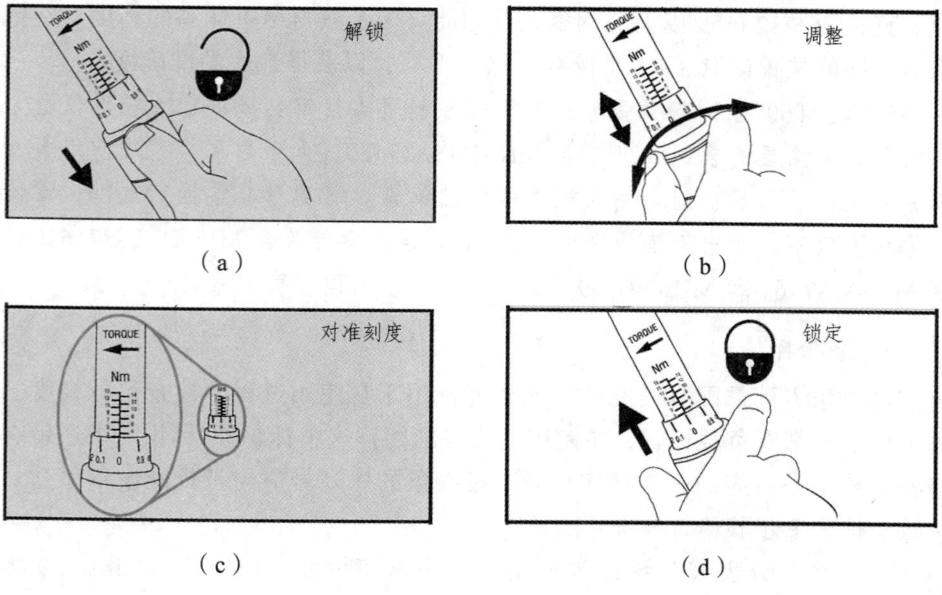

（a）（b）（c）（d）

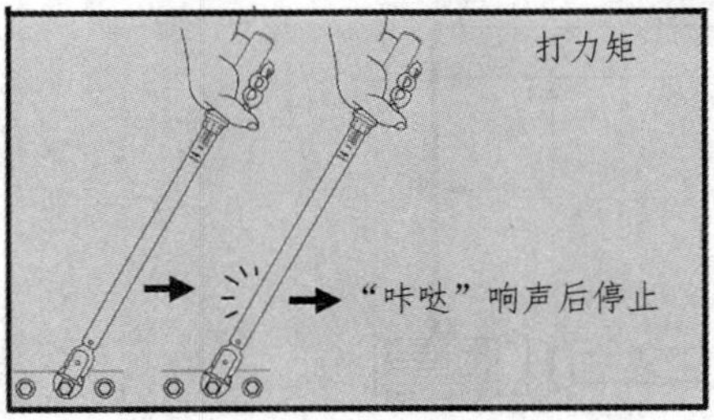

（e）

图 4.18　力矩扳手使用示意

力矩扳手可在扳手前部加延长杆，其读数需对显示值进行换算，如图 4.19 所示。

$$T_{实}=\frac{T_{指}\times(L+E)}{L}\text{（延长杆在外侧）}$$

$$T_{实}=\frac{T_{指}\times(L-E)}{L}\text{（延长杆在内侧）}$$

式中　$T_{实}$——紧固件实际力矩值；

$T_{指}$——力矩扳手指示力矩值；

E——加长杆在扳手中心线上的投影长度（见图 4.20）。

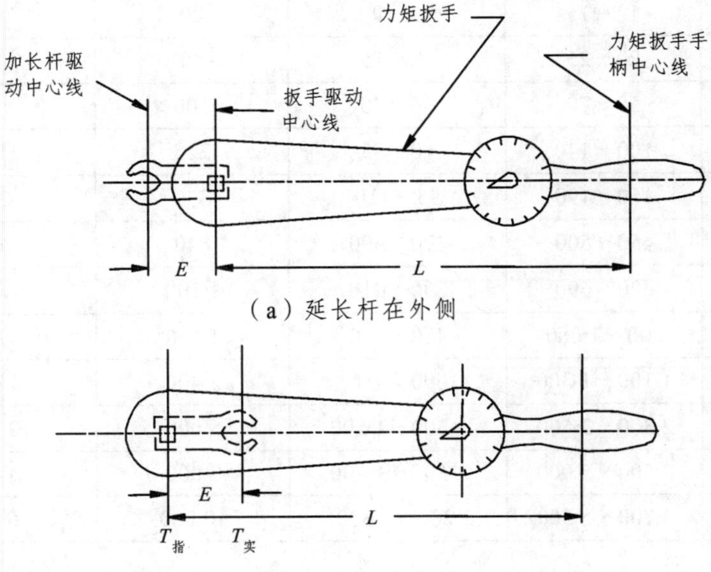

（a）延长杆在外侧

（b）延长杆在内侧

图 4.19　力矩扳手使用延长杆

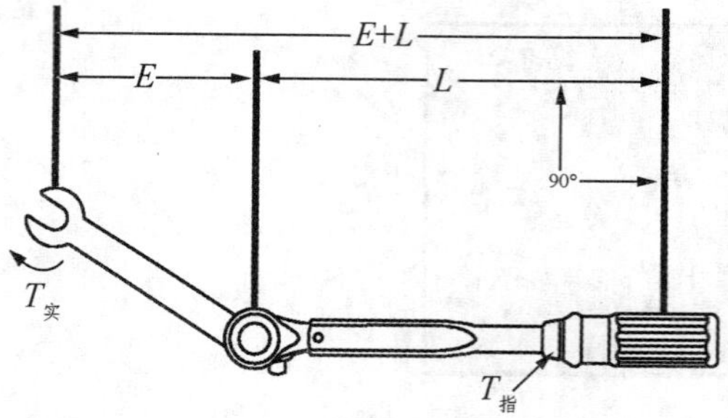

图 4.20　加长杆投影

4.2.2　推荐的力矩值

常用规格螺纹推荐的力矩值见表 4.1。

表 4.1　常用规格螺纹推荐力矩值

螺纹尺寸	推荐的安装力矩限制（螺栓主要承受剪切应力）		最大允许的拧紧力矩限制	
	拉伸型螺母 MS20365 和 AN310（螺栓受力 40 000 psi）	剪切型螺母 MS20364 和 AN320（螺栓受力 24 000 psi）	MS20365 和 AN310（螺栓受力 90 000 psi）	MS20364 和 AN320（螺栓受力 54 000 psi）
细螺纹系列				
8-36[①]	12～15	7～9	20	12
10-32	20～25	12～15	40	25
1/4-28[②]	50～70	30～40	100	60
5/16-24	100～140	60～85	225	140
3/8-24	160～190	95～110	390	240
7/16-20	450～500	270～300	840	500
1/2-20	480～690	290～410	1 100	660
9/16-18	800～1 000	480～600	1 600	960
5/8-18	1 100～1 300	600～780	2 400	1 400
3/4-16	2 300～2 500	1 300～1 500	5 000	3 000
7/8-14	2 500～3 000	1 500～1 800	7 000	4 200
1-14	3 700～5 500	2 200～3 300*	10 000	6 000

① 短横前数字是螺栓直径代码（非直径尺寸），短横后数字是每英寸螺纹数量。

② 短横前数字是螺纹直径（单位英寸），短横后数字是每英寸螺纹数量。

续表

螺纹尺寸	推荐的安装力矩限制（螺栓主要承受剪切应力）		最大允许的拧紧力矩限制	
	拉伸型螺母 MS20365 和 AN310（螺栓受力 40 000 psi）	剪切型螺母 MS20364 和 AN320（螺栓受力 24 000 psi）	MS20365 和 AN310（螺栓受力 90 000 psi）	MS20364 和 AN320（螺栓受力 54 000 psi）
细螺纹系列				
$1\frac{1}{8}$-12	5 000 ~ 7 000	3 000 ~ 4 200*	15 000	9 000
$1\frac{1}{4}$-12	9 000 ~ 11 000	5 400 ~ 6 600*	25 000	15 000
粗螺纹系列				
8-32	12 ~ 15	7 ~ 9	20	12
10-24	20 ~ 25	12 ~ 15	35	21
1/4-20	40 ~ 50	25 ~ 30	75	45
5/16-18	80 ~ 90	48 ~ 55	160	100
3/8-16	160 ~ 185	95 ~ 100	275	170
7/16-14	235 ~ 255	140 ~ 155	475	280
1/2-13	400 ~ 480	240 ~ 290	880	520
9/16-12	500 ~ 700	300 ~ 420	1 100	650
5/8-11	700 ~ 900	420 ~ 540	1 500	900
3/4-10	1 150 ~ 1 600	700 ~ 950	2 500	1 500
7/8-9	2 200 ~ 3 000	1 300 ~ 1 800	4 600	2 700

注：本表的力矩值可以用在具有相近的螺纹尺寸和支撑面积的所有镀镉细或粗螺纹系列的钢螺母上。

从 1/4-28 开始，短横线前的数值表示螺纹直径，短横线后的数值表示每英寸的螺纹数量。直径等于或小于 1/4 英寸的带有螺纹的紧固件属于螺钉系列，10-32 表示 10 号细螺纹紧固件，每英寸有 32 条螺纹。

AMM 手册给出了多个通用力矩值表，使用通用力矩值时，一定要注意：

（1）弄清楚螺栓的规格，是 AN 型、NAS 型还是 MS 型，不同型号的螺栓有不同的力矩值表。

（2）除非另有规定，一般不润滑螺栓螺母，即力矩值表给出的是干力矩。

（3）尽量采用拧紧螺母的方式来完成紧固工作。如果实在无法拧紧螺母，只能从螺栓头来拧紧，则力矩值使用接近规定值的上限范围，但不能超出最大允许力矩值。

（4）不锈钢螺母的力矩值与剪切型螺母的力矩值相同。

（5）如果力矩扳手加上了转动扳头，要进行力矩值的换算。

第 5 章
飞机材料

5.1 铝合金

5.1.1 变形铝合金牌号表示方法

变形铝及铝合金国际四位数字体系牌号，是指按照 1970 年 12 月制定的变形铝及铝合金国际牌号命名体系推荐方法命名的牌号。四位数字牌号中，第一位数字表示合金系列，见表 5.1。

表 5.1 铝合金国际四位数字体系牌号

组别	牌号系列
纯铝（铝含量不小于 99.00%）	1×××
以铜为主要合金元素的铝合金	2×××
以锰为主要合金元素的铝合金	3×××
以硅为主要合金元素的铝合金	4×××
以镁为主要合金元素的铝合金	5×××
以镁和硅为主要合金元素并以 Mg_2Si 相为强化相的铝合金	6×××
以锌为主要合金元素的铝合金	7×××
以其他合金为主要合金元素的铝合金	8×××
备用铝合金	9×××

在 1×××系列中，最后两位数字表示最低铝含量，牌号的最后两位数字与最低铝含量中小数点右边的两位数字相同。如 1100 表示最低铝含量为 99.00%，1060 表示最低铝含量为 99.60%。第二位数字表示对杂质范围的修改，若是零表示该工业纯铝的杂质范围为生产中的正常范围。1100 铝合金在飞机维修上用得比较广泛，但由于其不可热处理强化，虽具有良好的延展性、成型性、焊接性和耐腐蚀性，但强度较低，仅用于整流罩等非结构件。因其良

好的延展性，它常用于修理翼尖和油箱。

2×××系列至 8×××系列中，牌号的最后两位数字无特殊意义，仅表示同一系列中的不同铝合金。

2×××系列铝合金以铜为主要合金元素，包括 Al-Cu-Mg 合金、Al-Cu-Mn 合金和 Al-Cu-Fe-Ni 合金等。该系列铝合金具有很高的强度和硬度，但耐腐蚀性不佳，尤其是在海水中更显著。由于它的铜含量较高，易引起晶间腐蚀。板材往往需要包覆一层纯铝或对芯板有电化学保护的 6×××系列铝合金。代表性材料为 2024，该铝合金薄板、厚板和型材已成功用于制造飞机蒙皮、主要承力件（如整体油箱壁板、翼梁等）。2025 铝合金广泛用于螺旋桨桨叶。用于制造铆钉的常见材料为 2117、2017 和 2024。

3×××系列铝合金中，锰元素可适当增加铝合金强度，但其主要作用是提高耐腐蚀性。3×××系列铝合金在所有环境中都具有很高的抗腐蚀性，并具有良好的塑性，但强度低，稍高于纯铝。3003 铝合金在航空广泛使用，常用于制造整流罩、螺旋桨桨盘。

5×××系列在铝合金中加入镁元素，是铝合金中强度最高的不可热处理合金。5×××系列铝合金具有优异的耐氧化和海水腐蚀性能，可以在恶劣的海洋环境中使用。5052 铝合金广泛用于航空燃油、滑油和液压管路，因其具有耐腐蚀性，其板材也用于制造油箱。

6×××系列铝合金是最容易挤压成型的铝合金之一，在热态下的可塑性很好，易于锻造和冲压成型。

7×××系列铝合金以锌为主要合金元素，其硬度和强度均高于 2×××系铝合金，是强度最高的一类变形铝合金。该系铝合金的缺点是抗疲劳性差，对应力集中较敏感，耐腐蚀性差，耐热性也低于 2×××系铝合金。该系铝合金是航空制造业的重要材料，如 7075 铝合金。

与铝合金国际四位数字体系牌号类似，中国国家标准 GB/T 16474—2011《变形铝及铝合金牌号表示方法》也采用的四位字符体系牌号，牌号表示方法的基本准则如下：

（1）国际四位数字体系牌号可直接引用。

（2）未命名为国际四位数字体系牌号的变形铝及铝合金，应采用我国四位字符体系牌号命名。第一位为数字，含义与国际牌号命名体系第一位数字相同，第二位为英文大写字母（C/I/L/N/O/P/Q/Z 字母除外），第三和四位为数字。航空常用铝合金中外牌号对照见表 5.2。

表 5.2 航空常用铝合金中外牌号对照

中国国家标准	美国	英国	俄罗斯	日本
2A14（LD10）	2014/A92014	2014（H15）	AK8/1380	A2014
2A12	2024/A92024		16/1160	A2024
5A02（LF2）	5052/A95052	5052（NS4）	Amr2/1520	A5052
7A09（LC9）	7075/A97075	7075（C77S）	B95/1950	A7075

5.1.2 变形铝合金状态代号

变形铝合金的状态代号是在合金牌号后面用短横线连接，由基础状态代号加数字组成。基础状态代号用字母 F、O、H、W 和 T 表示（含义见表 5.3），后接一位或机位数字表示基础状态的细分状态。

表 5.3 国际标准变形铝及铝合金状态代号含义

代号	状态名称	说明与应用
F	自由加工状态	适用于在成型过程中，对于加工硬化和热处理条件无特殊要求的产品，该状态产品对力学性能不作规定
O	退火状态	适用于经完全退火后获得最低强度的产品状态
H	加工硬化状态	适用于通过加工硬化提高强度的产品
W	固溶处理状态	适用于经固溶热处理后，在室温下自然时效的一种不稳定状态
T	热处理状态（不同于 F、O、H 状态）	适用于固溶热处理后，经过（或不经过）加工硬化达到稳定的状态。T 代号必须后接一位或数位数字

H 后面通常连接两位或多位数字，后面第一位数字表示：

H1——单纯加工硬化。

H2——加工硬化及不完全退火。

H3——加工硬化及稳定化处理，仅适用于加工硬化后在室温下逐渐时效软化的合金。

H4——加工硬化及喷、涂漆处理。

T 后第一位数字表示基本处理状态：

T1——从高温成型后冷却，自然时效。

T2——高温成型后冷却，冷加工提高强度，然后自然时效。

T3——固溶热处理后，冷加工提高强度，然后自然时效。

T4——固溶热处理后，不再进行冷加工，然后自然时效。

T5——高温成型后冷却，不经冷加工，然后人工时效。

T6——固溶热处理后，不再进行冷加工，然后人工时效。

T7——固溶热处理后，进行过时效至稳定化状态。

T8——固溶热处理后，经冷加工以提高强度，然后人工时效。

T9——固溶热处理后，人工时效，然后进行冷加工以提高强度。

T10——高温成型后冷却，经冷加工以提高强度，然后进行人工时效。

我国已于1996年对变形铝及铝合金的状态代号采用的国际通用的表示方法，详见国家标准 GB/T 16475—2008 的规定。

5.1.3 航空常用变形铝合金材料成分

航空常用变形铝合金材料的成分见表 5.4。

表 5.4 航空常用变形铝合金材料成分

牌号	化学成分（质量分数）/%							
	硅	铁	铜	锰	镁	铬	锌	铝
1100			0.05 ~ 0.20	0.05				99.00
2017	0.20 ~ 0.8	0.7	3.5 ~ 4.5	0.4 ~ 1.0	0.4 ~ 0.8	0.1	0.25	余量
2024	0.5	0.5	3.8 ~ 4.9	0.8 ~ 0.9	1.2 ~ 1.8	0.1	0.25	余量
2117	0.8	0.7	2.2 ~ 3.0	0.2	0.2 ~ 0.5	0.1	0.25	余量
3003	0.6	0.7	0.05 ~ 0.2	1.0 ~ 1.5			0.1	余量
5052	0.25	0.4	0.1	0.1	2.2 ~ 2.8	0.15 ~ 0.35	0.1	余量
5056	0.3	0.4	0.1	0.05 ~ 0.2	4.5 ~ 5.6	0.05 ~ 0.2	0.1	余量
6061	0.4 ~ 0.8	0.7	0.15 ~ 0.4	0.15	0.8 ~ 1.2	0.04 ~ 0.35	0.25	余量
7075	0.4	0.5	1.2 ~ 2.0	0.3	2.1 ~ 2.9	0.18 ~ 0.28	5.1 ~ 6.1	余量

5.1.4 航空常用变形铝合金力学性能

航空常用变形铝合金力学性能见表 5.5。

表 5.5 航空常用变形铝合金力学性能

牌号及热处理	屈服极限/psi	弹性极限/psi	布氏硬度 500 kg 载荷，10 mm 球
1100-O	13 000	5 000	23
1100-H18	24 000	22 000	44

续表

牌号及热处理	屈服极限/psi	弹性极限/psi	布氏硬度 500 kg 载荷，10 mm 球
2017-O	26 000	10 000	45
2017-T4	62 000	40 000	105
2024-O	27 000	11 000	47
2024-T3	72 000	57 000	130
2024-T4	68 000	47 000	120
包铝 2024-O	26 000	11 000	
包铝 2024-T3	67 000	53 000	
3003-O	16 000	6 000	40
3003-H18	29 000	27 000	10
5052-O	28 000	13 000	47
5052-H38	42 000	37 000	77
6061-O	18 000	8 000	30
6061-T6	45 000	40 000	95
7075-O	33 000	15 000	60
7075-T6	83 000	73 000	150
包铝 7075-O	32 000	14 000	
包铝 7075-T6	76 000	67 000	

5.1.5 铝合金板材铆接强度

铝合金板材铆接强度见表 5.6，表中强度单位为磅力/平方英寸（psi）。

表 5.6 铝合金板材铆接强度

板材厚度/in	铆钉直径/in							
	1/16	3/32	1/8	5/32	3/16	1/4	5/16	3/8
0.014	71	107	143	179	215	287	358	430
0.016	82	123	164	204	246	328	410	492
0.018	92	138	184	230	276	369	461	553
0.020	102	153	205	256	307	410	512	615
0.025	128	192	256	320		512	640	768
0.032	164	245	328	409	492	656	820	984

续表

板材厚度 /in	铆钉直径/in							
	1/16	3/32	1/8	5/32	3/16	1/4	5/16	3/8
0.036	184	276	369	461	553	738	922	1 107
0.040	205	307	410	512	615	820	1 025	1 230
0.045	230	345	461	576	691	922	1 153	1 383
0.051	261	391	522	653	784	1 045	1 306	1 568
0.064		492	656	820	984	1 312	1 640	1 968
0.072		553	738	922	1 107	1 476	1 845	2 214
0.081		622	830	1 037	1 245	1 660	2 075	2 490
0.091		699	932	1 167	1 398	1 864	2 330	2 796
0.102		784	1 046	1 307	1 569	2 092	2 615	3 138
0.125		961	1 281	1 602	1 922	2 563	3 203	3 844
0.156		1 198	1 598	1 997	2 397	3 196	3 995	4 794
0.188		1 445	1 927	2 409	2 891	3 854	4 818	5 781
0.250		1 921	2 562	3 202	3 843	5 125	6 405	7 686
0.313		2 405	3 208	4 009	4 811	6 417	7 568	9 623
0.375		2 882	3 843	4 803	5 765	7 688	9 068	11 529
0.500		3 842	5 124	6 404	7 686	10 250	12 090	15 372

5.2 钢

航空器上常见的碳钢和合金钢牌号，使用的是起源于 20 世纪 30 年代的美国汽车工程师协会（Society of Automotive Engineers，SAE）/美国钢铁协会（American Iron and Steel Institute，AISI）的钢级数字编码系统。这两个组织都曾独立进行钢级数字编码体系的标准化，由于其工作非常相似、存在明显重叠，后来这两套编码体系被整合到一起，称为 SAE/AISI 钢级命名联合体系，当前这套联合体系主要的维护工作由 SAE 完成。在合金钢/碳钢钢级方面，“AISI 4140”和“SAE 4140”写法不一样，但在大多数工业用途场景下，是被认为等同的。

SAE/AISI 钢级数字编码系统一直采用四位数字组合的数字编码，来指代特定的钢级，前两位数字表示合金元素，后两位数字表示碳含量，如图 5.1 所示。

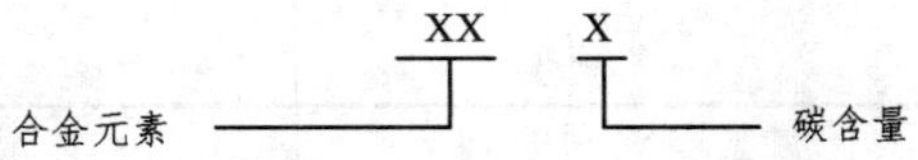

图 5.1　SAE/AISI 钢级数字编码

表示合金元素的两位数字的第 1 个数字代表钢的最主要的合金化学元素，第 2 个数字代表钢的次重要的合金化学元素。第 1 位数字的含义见表 5.7。

表 5.7　SAE/AISI 钢级第 1 位数字含义

SAE/AISI 命名	钢铁类型
1×××	普通碳钢
2×××	镍钢
3×××	镍铬钢
4×××	钼钢
5×××	铬钢
6×××	铬钒钢
7×××	钨钢
8×××	镍铬钒钢
9×××	硅锰钢

表示碳含量的两位数字用于表示不同钢级的钢中，碳含量平均值的 0.01% 的倍数。例如，SAE/AISI 1018，表示碳含量平均值为 0.18%的普通碳钢；SAE/AISI 5130 表示铬含量平均值为 1%和碳含量平均值为 0.30%的铬钢。

SAE/AISI 钢级数字编码系统中，有时会在代码组的合金元素和碳含量之间添加一个附加字母，如 11L41、12L14 或 50B40。字母 L 表示添加铅（0.15%~0.35%），用以改善钢的可机械加工性。字母 B 表示向低碳钢中添加硼（0.000 5%~0.003%），用以提高钢的硬度。

SAE/AISI 的钢级数字编码只规定了不同等级钢的化学成分范围，通常需要结合标准使用，如 ASTM/AMSE 或 SAE 等，见表 5.8。

表 5.8　常见碳钢和合金钢钢级

SAE/AISI 钢类型	常见碳钢和合金钢钢级	说明
碳钢	10××	普通碳钢，最多 Mn 1.00%
	11××	加硫易切削钢
	12××	加硫加磷易切削钢

续表

SAE/AISI 钢类型	常见碳钢和合金钢钢级	说明
碳钢	13××	锰结构钢，Mn 1.75%
	15××	普通碳钢，Mn 1.00%～1.65%
镍钢	23××	Ni 3.50%
	25××	Ni 5.00%
钼钢	40××	Mo 0.25%
	41××	Cr 1%，Mo 0.25%
	43××	Ni 2%, Cr 1%, Mo 0.25%
	46××	Ni 1.7%, Mo 0.2%
	48××	Ni 3.5%, Mo 0.25%
铬钢	51××	Cr 1%
	52××	Cr 1.5%
铬钒钢	61××	平均 Cr 0.95%, V 大于 0.10%。6150 为含 1%Cr、0.15%V、0.5%C 的铬钒钢
镍铬钒钢	86××	Cr 0.5%，Ni 0.5%，Mo 0.20%
	87××	Cr 0.5%，Ni 0.5%，Mo 0.25%
硅锰钢	92××	Si 2%，Mg 0.85%
	93××	Ni 3.25%，Cr 1.20%，Mo 0.12%

1010～1030 低碳钢常用于制造保险丝、钢索衬套或螺纹杆端头等，这种钢常用于次要结构件、卡箍和中等应力管状结构。

5.3 不同金属的电化学腐蚀

当两种不同的金属接触，并被电解液（连续的液体或气体通路）所连接，会形成电化学腐蚀，加速其中一种金属的腐蚀。最容易被氧化的金属成为正极（阳极）而腐蚀，不太活泼的另一个金属成为原电池的负极（阴极）。腐蚀程度取决于两种金属表面的相对活泼性。活泼性差异越大，腐蚀越严重。相对活泼性的递减顺序如下：

镁（最活跃）＞镁合金＞锌＞铝合金 5056＞铝合金 5052＞铝合金 1100＞镉＞铝合金 2024＞铝合金 7075＞低碳钢＞铸铁＞耐蚀高镍铸铁＞410 不锈钢（活跃）＞304 不锈钢（活跃）＞316 不锈钢（活跃）＞铅＞锡＞蒙知黄铜

>镍（活跃）>黄铜>铝黄铜>红铜>铜>硅青铜>70-30 铜镍合金>镍（钝态）>铬镍铁合金（钝化）>钛>蒙乃尔铜镍合金>304 不锈钢（钝化）>316 不锈钢（钝化）>银>石墨>金（最不活跃）

注意：304 和 316 不锈钢活跃和钝态的区别在于，钝化的不锈钢要么在空气中氧化，要么用酸处理表面形成氧化物。这两种氧化表面都是惰性的，可阻止电流流动。

5.4 飞机结构常用合金腐蚀产物及防腐

5.4.1 常见腐蚀物

能够引起腐蚀的物质称为腐蚀性物质，最常见的腐蚀性物质是酸、碱、盐。

任何酸都会严重腐蚀机身中的大部分合金。硫酸（蓄电池的电解液）、卤族元素形成的酸（盐酸、氢氟酸、溴酸）、氮氧化物、人或动物分泌物中的有机酸是破坏性最强的酸。

总的来说，碱的腐蚀性没有酸强。但是，未进行表面保护的铝、镁合金会受到碱的强烈腐蚀，对铝腐蚀性较强的物质是苏打水、碳酸钾（草木灰）和石灰（水泥尘）。

大气中主要的腐蚀物是氧气和水蒸气。腐蚀通常是由于大气中氧气和水蒸气对金属直接作用造成的，过多的水分会加速腐蚀，有色金属合金尤为严重。大气的成分中也含有其他腐蚀气体和腐蚀物质，尤其是来自工业和海洋的盐雾。

水的腐蚀性取决于溶于水中的矿物质、有机物杂质、气体（特别是氧气）的类型及含量。水的导电率是影响其腐蚀性的因素之一，影响水腐蚀性的物理特性有水的流速和温度。

5.4.2 微生物

细菌分为有氧型和厌氧型。有氧型细菌需要生活在有氧的条件下，它们通过氧化产生酸性物质从而加速腐蚀，细菌通过消耗氧气或释放代谢产物加速周围金属的腐蚀。相反，厌氧细菌生存在无氧的条件下，这些细菌的新陈代谢通过氧化无机物获取部分营养（如铁、氢、硫化物和一氧化碳等），由此产生的化学反应导致腐蚀。

真菌以有机物为食，虽然干燥的条件是不能够杀死真菌，但能阻止它们的生长，从而减少腐蚀。绝大多数的真菌的生长的最佳温度是 68 ~ 104℉（20 ~ 40 °C），最佳相对湿度是 85% ~ 100%。

微生物的腐蚀损伤由三个基本原理中任何一个或全部引起：第一，真菌会维持一个有助于腐蚀的潮湿环境。第二，因为真菌是有机生物体，它们的生长需要食物，这可以从材料中获得。第三，这些微生物能分泌腐蚀性液体，腐蚀物质，包括一些非真菌的营养物质。

完全清除生长的微生物，以阻止微生物腐蚀。可以用非金属毛刷和水清除微生物。如果微生物保持潮湿，易于用水冲洗清除。也可以使用压力为100 PSI的高压水雾清除微生物，采用这种方法时，必须穿有保护工作服。

5.4.3 腐蚀产物

1. 铝合金和镁合金

腐蚀初期呈灰白色，发展后出现灰白色粉末状腐蚀产物，刮去腐蚀产物后出现麻坑。铝合金和镁合金腐蚀常出现在蒙皮边缘或铆钉头周围，由于铝合金腐蚀产物体积通常比铝合金的体积大，积累的腐蚀产物可使蒙皮鼓起。

2. 合金钢及碳钢

腐蚀刚开始时金属表面发暗，进一步发展变成褐色或棕黄色，严重的腐蚀呈棕色或褐色疤痕，甚至出现蚀坑。刮去腐蚀产物后，底部呈暗灰色，边缘不规则。

3. 不锈钢

不锈钢的腐蚀常常出现黑色的坑点。

5.4.4 防　腐

（1）人员应经过以下培训：

① 防腐产生条件认知。

② 腐蚀种类的区分。

③ 腐蚀检测、清除和处理。

④ 飞机结构和部件的润滑及保养。

（2）按时检查腐蚀。

（3）按照规定周期内，彻底地清洁、检查、润滑和保养。

（4）检测到腐蚀后及时地处理。

（5）准确记录并向厂家和局方汇报材料及设计缺陷。

（6）正确地使用材料、设备和技术文件。

（7）维护基础表面处理系统。

（8）保持排水孔和通道的畅通，密封剂、水位测量物、各种碎片及腐蚀抑制剂不能阻挡排水通道。

（9）更换老化或损坏的胶垫、密封（选用耐蚀型密封），可防止因水的进入滞留而导致的腐蚀。

（10）飞机停放在机库中减小暴露在不利环境中的概率。

（11）定期、经常检查塑料泡沫或其他吸收性材料区域。

（12）每天放油以去除积聚的水或其他杂质。

（13）每天清洁外露的液压支柱关键部位。

沿海地区服役飞机，除了上面描述的检查和处理外，还应进行以下处理：

（1）用洁净的水彻底冲洗去除飞机上的盐水和盐渍。

① 干燥后，为螺旋桨、桨毂、桨叶和其他未涂漆或未保护的发动机，或安装在发动机上的部件，喷洒或涂抹规格为 MIL-C-161734 级的防腐剂。

② 使用浸泡了防腐剂的布或刷子在移动、需润滑或受腐蚀的部件上进行涂抹，如支柱收放式起落架、操纵面铰链、控制钢索、外露铆钉和螺栓以及其他未涂保护漆的部件。

③ 擦除多余的防腐剂，在排气管或集电环上涂抹防腐剂时要特别小心，以免出现火灾。点火导线、螺旋桨防冰剂管路以及轮胎等部件要远离防腐剂。

（2）在需要最佳防腐保护的固定部件上，使用规格不小于 MIL-C-16173 1 级的防腐剂。

（3）用浸有液压油的抹布擦拭起落架减振支柱活塞的裸露部分。

（4）起落架机轮绝大部分部件为镁或铝合金，如果保护不当，会迅速地发生腐蚀。当飞机服役在海洋附近时，腐蚀会更快。要检查机轮的漆层状态。

（5）机轮漆层老化、剥落或破损处，要重新整修。

（6）除摩擦件和轴承表面外的其他机轮和刹车部件，都要应用保护涂层。

第6章 标准件

6.1 概　述

航空器上的标准件通常使用其标准号命名或使用专用商业名称。螺纹紧固件和铆钉通常使用AN、NAS和MS标准号来命名，快卸紧固件通常使用厂家商业名称和设计尺寸命名。

1. AN——Air Force/Navy Specificaiton（美国）空、海军标准

该标准系列始于20世纪40年代，是第二次世界大战军事项目标准化的一种手段。大部分标准在20世纪50年代取消，少数螺栓标准仍在使用。

2. NAS——National Aerospace Standards（美国）国家航空航天标准

该标准系列始于1941年，由美国航空航天工业协会编制。NAS系列以其先进、高强度和精密的紧固件闻名。除了所有类型的螺钉、螺母和铆钉外，NAS标准还定义了高压软管、电气接头、端子等零件。

3. MS——Military Specifications or Standards（美国）军用规范

该标准系列始于20世纪50年代左右，基本替代了AN系列标准（少量AN标准仍在使用）。1994年，应承包商的要求，美国国防部取消了MS系列标准，以节省资金。但取消带来了许多问题，因为有许多商业公司仍使用MS标准来制造产品。后来，美国国防部将500多个MS标准转换为NAS标准，这些标准使用“NASM”（英制）或“NAM”（公制）作为前缀，但其产品仍保留了原始的MS零件号。例如，MS20426铆钉使用NASM20426标准制造，但件号仍为MS20426。另外，还有一些标准被SAE（国际汽车工程师协会）转换为其制定的航空航天标准——AS标准，其零件号也改为AS件号。例如，MS21919减振卡环更改为AS21919。在标准转换前审定的通用飞机，标准件多使用旧的标准号，因为这是通过适航审查的。制造商根据用户需求，提供不同标准号件号的零件。

4. HB——中华人民共和国航空工业标准

由我国自行设计制造的航空器，其标准件多使用航空工业标准号命名。

5. GB——中华人民共和国国家标准

中华人民共和国国家标准也有相应的标准件标准，按照此类标准生产的标准件，如被飞机制造厂选用，其使用国家标准的标准号对标准件命名。

6.2 铆钉（rivet）

6.2.1 实芯铆钉（solid rivet）

1. 铆钉材料

飞机结构中使用的铆钉通常由铝合金制成，但在特殊情况下，会使用蒙乃尔合金、耐腐蚀钢、软钢或铁以及铜铆钉。维修中常用的铝合金铆钉材料为 1100、2117、2017、2024 和 5056。

1100-F 铆钉：由 99.45%纯铝制成，通常用于铆接由较软铝合金（1100、3003 和 5052）制成的非结构部件。这种铆钉使用前不需要预处理，铆钉性能也不会因为存储时间而变化。1110-f 铆钉头部光滑，如图 6.1（a）所示。

2117-T4 铆钉：通常称为“外场铆钉”（field rivet）。这种铆钉是铝合金结构中最常见的一种铆钉，尤其是在修理工作中。和 1100 铆钉一样，这种铆钉使用前也不需要进行预处理。在很多场合，用大一号直径的 2117-T4 铆钉可替代 2017-T4 和 2024-T4 铆钉进行修理。2117-T4 铆钉头部以单圆形凹点标识，如图 6.1（b）所示。

2017-T4 和 2024-T4 铆钉：这两种铆钉通常称为“冰盒铆钉”（ice box rivet），以 T4 状态提供，使用前需预处理。淬火后储存在 32℉以下，可储存 2 周。2017-T4 必须取出后 1 h 内再使用，2024-T4 铆钉必须在取出后 10 min 内使用。如果超出这个时间，需重新预处理。预处理次数不限，但不能超过规定的热处理温度。这两种铆钉强度高于同等直径的 2117-T4 铆钉，通常用于强度要求较高的铝合金结构，尺寸（直径）通常大于 3/16 in。这两种铆钉中 2024-T4 铆钉强度比 2017-T4 更高，因此施工更困难。2017-T4 铆钉以单圆形凸点标识[见图 6.1（c）]，2024-T4 铆钉以双矩形凸起标识[见图 6.1（d）]。

5056-H32 铆钉：因为其耐腐蚀性，通常用于铆接镁合金结构。该铆钉以 H32 状态提供，储存时间对其性能无影响。除极端情况外，该种铆钉不得使用其他铆钉替代。5056-H32 铆钉以十字凸起标识，如图 6.1（e）所示。

铝铆钉的头部标识代码见表 6.1，热处理时间见表 6.2。

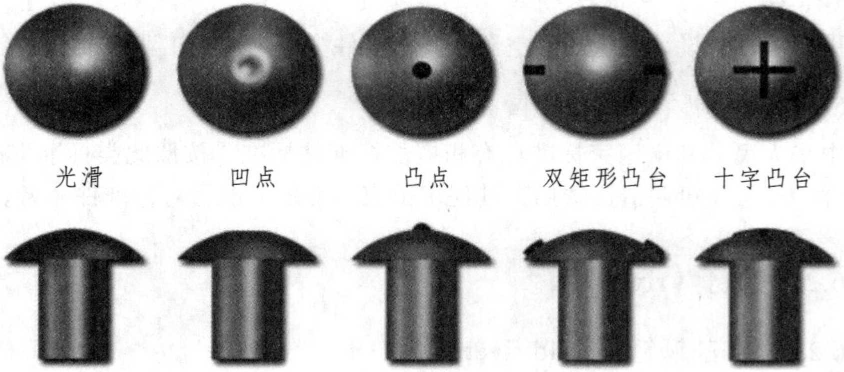

（a）1100-F （b）2117-T4 （c）2017-T4 （d）2024-T4 （e）5056-H32

图 6.1 铆钉头部标识

表 6.1 铆钉头部标识代码

材料代码	头部标识	MS 代码	特性
1100-F	光滑	A	低强度
2117-T4	单圆形凹点	AD	中等强度
2017-T4	单圆形凸点	D	高剪切
2024-T4	双矩形凸台	DD	高强度
5056-H32	十字凸台	B	高防腐
7075-T73	三矩形凸台（AN） 大圆形凸台（MS）	E	高强度、高防腐

表 6.2 热处理时间

铆钉材料	加热炉		盐浴	
	时间/min	温度/°F	时间/min	温度/°F
2024	60	910～930	30	910～930
2017	60	925～950	30	925～950

除了铝合金铆钉外，在一些特殊场合，还会用到软钢铆钉、铜铆钉、不锈钢铆钉和蒙乃尔铆钉。

软钢（低碳钢）铆钉：主要用于铆接钢件。不能在高温钢件上使用镀锌铆钉。

不锈钢铆钉：主要用于铆接不锈钢部件，如防火墙、排气管支架等。

铜铆钉：用于铆接铜合金、皮革和其他非金属材料。这种铆钉在飞机上的应用有限。

蒙乃尔合金铆钉：用于铆接高镍钢合金这种特殊的地方。蒙乃尔合金铆钉可与不锈钢铆钉互换使用。不锈钢零件，最好使用不锈钢铆钉。

在铆接铝合金结构时，使用钢或铁、不锈钢、蒙乃尔合金、铜等不同金属会造成电化学腐蚀，仅能在紧急情况下使用。而且在铆接前，应涂上铬酸锌底漆，铆接后再涂一层铬酸锌底漆。一旦有合适的铆钉，必须立即替换。即使是铝合金铆钉内部，也通常分成两种类型，见表 6.3。

表 6.3　铝合金铆钉分类

A 类	B 类
1100	2117
3003	2017
5052	2124
6053	7075

每个类别内部，其抗腐蚀类型类似。两个类别之间有差异，如果类别 A 的铆钉用在了适用于类别 B 的场合，或类别 B 铆钉用在适用于类别 A 的场合，当潮湿存在时会引起电化学腐蚀。

有关铆钉用金属热处理的具体细节，请参阅 MIL-H6875 和 MIL-6088。不要在硬化状态下使用 2024-T4 铆钉。除非是保存在低温下，否则这些铆钉必须在淬火后 20 min 内使用，以避免开裂。在干冰中，可以保存约 2 周。在普通冰中，可以保存 24 h。这种铆钉可以重复热处理，重复热处理的次数应根据具体使用情况控制。

2. 铆钉头型

在历史上出现过多种头型的铆钉，现在逐步统一到四种头型，分别为圆头、平头、通用头和埋头四种，如图 6.2 所示。

圆头铆钉通常用于飞机内部结构，邻近部件对周围间隙、光洁度有要求的地方除外。标准 AN430 或 MS20430。

平头铆钉使用在飞机内部那些因为与周围部件干涉而不允许使用圆头铆钉的地方。标准 AN442 或 MS20442。

埋头铆钉（替代 100°埋头铆钉 AN426）使用在飞机的外表面，提供光滑的气动外形，以及使用在那些需要光滑表面的地方。埋头铆钉埋头角度有多种，从 78° ~ 120°，当前 100°埋头铆钉已经被采用为标准埋头铆钉。标准 AN426 或 MS20426。

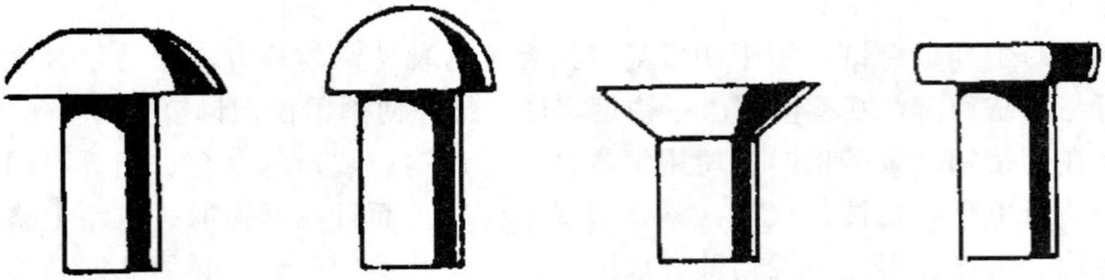

图 6.2　铆钉头型

铆钉在使用时，通常使用制造标准加一串字母和数字作为件号，包含了制造标准、材料、直径和长度。含义如图 6.3 和图 6.4 所示。

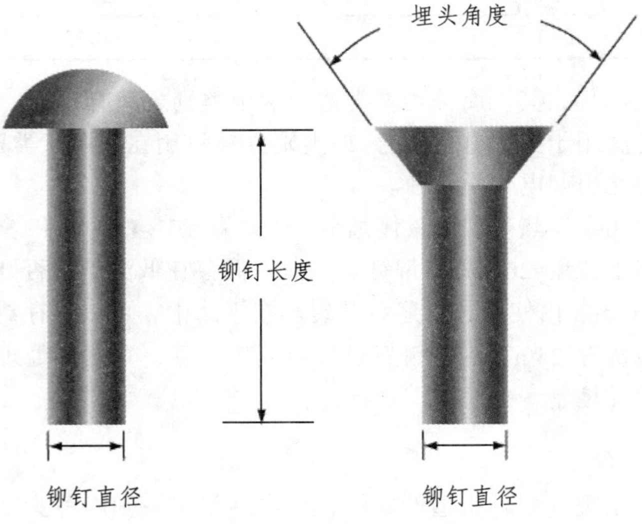

图 6.3　铆钉尺寸

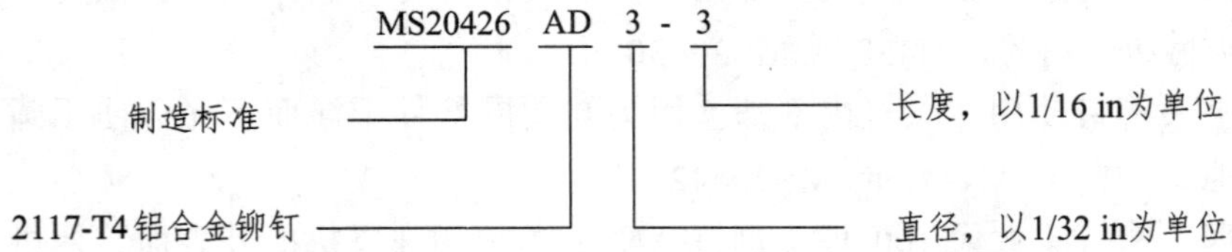

图 6.4　铆钉件号的含义（美国军用规范）

注：按照 MS20426 标准制造的 2117-T4 铝合金铆钉，直径 3/32 in，长度 3/16 in。

如果在长度后有“-5”，表示铆钉加长 1/32 in。例如 MS20426AD3-3-5 表示铆钉长度为 3/16 in+1/32 in=7/32 in。

3. 铆钉的使用

铆钉边距大于 $4D$，容易造成连接件边缘的翘曲，边距小于 $2D$，则会影响被连接件的耐久性（见图 6.5）。

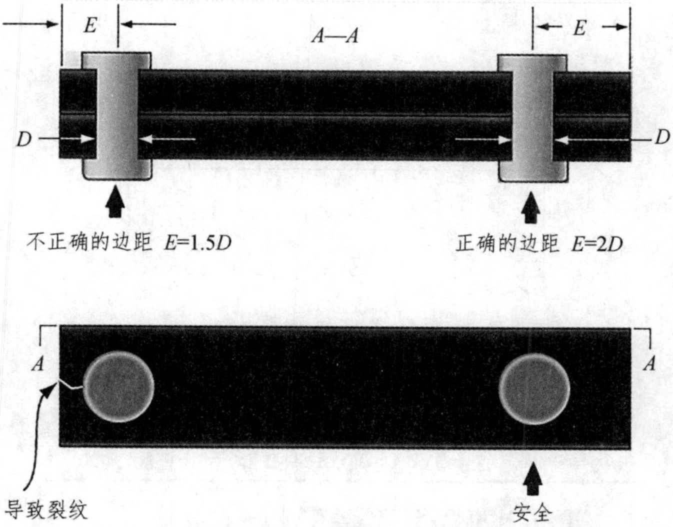

图 6.5　铆钉边距

合适的铆钉边距见表 6.4。

表 6.4　铆钉边距

边距	最小	最好
平顶头	$2D$	$2D+1\frac{1}{16}$ in
埋头	$2.5D$	$2.5D+1\frac{1}{16}$ in

铆钉间距如图 6.6 所示。

铆钉长度如图 6.7 所示。

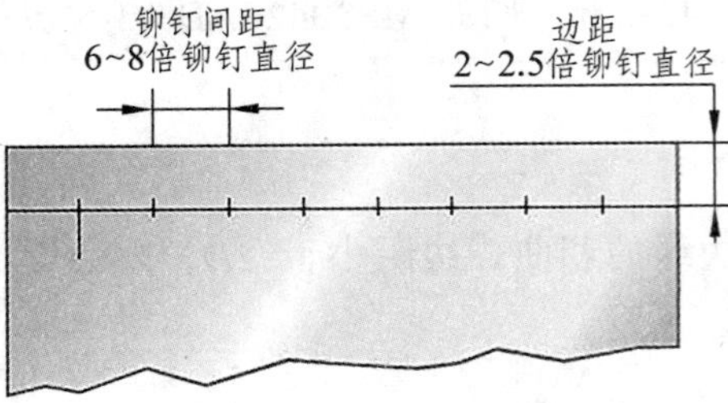

（a）单行布局

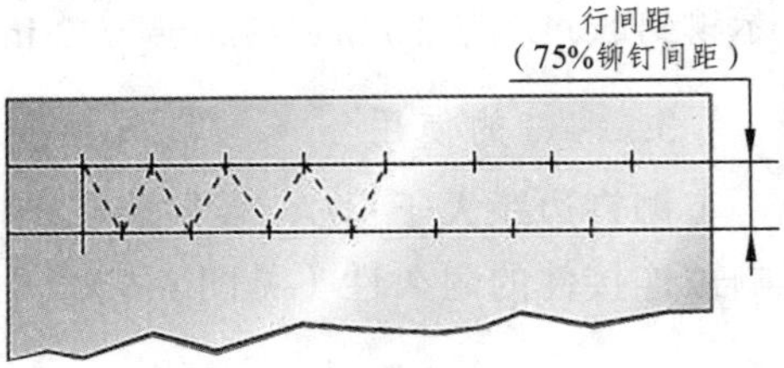

（b）双行布局

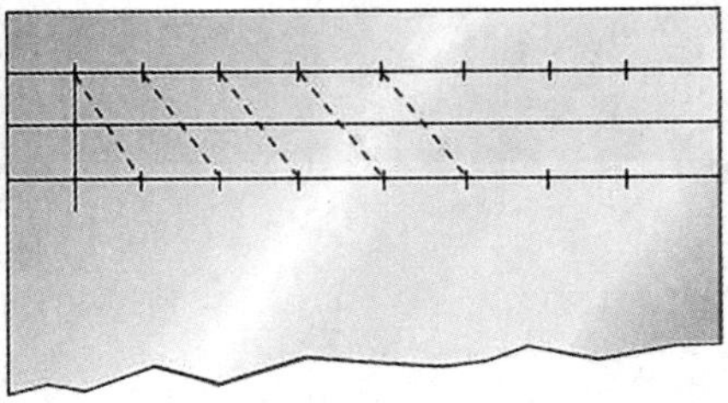

（c）三行布局

图 6.6　铆钉间距

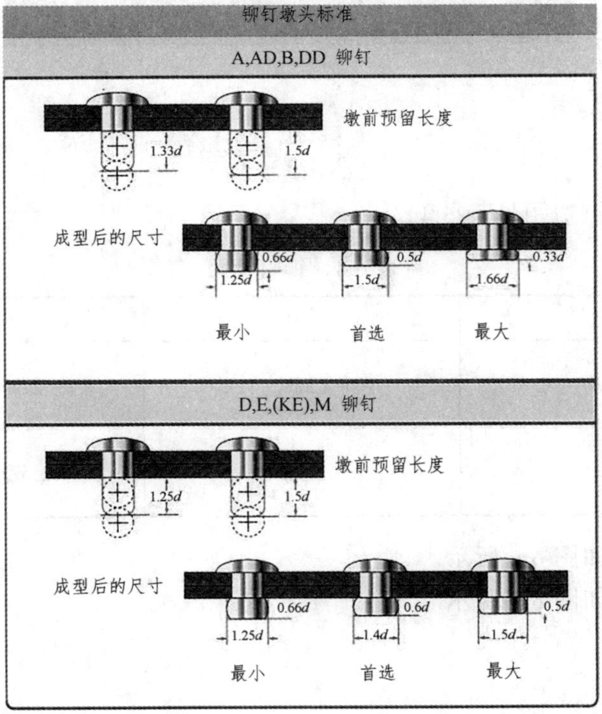

图 6.7　铆钉长度

6.2.2 盲铆钉（blind rivet）

盲铆钉（包含抽芯铆钉和击芯铆钉）主要用在结构两面无法同时使用铆钉枪和顶铁进行铆接的地方。在一些非结构部件，如飞机内装饰、地板等不需要很高连接强度的地方，也会使用盲铆钉。

抽芯铆钉有一个光面圆柱形钉体带一个预成型的钉体头、一根带有球形端头的钉芯组成，钉芯从铆钉底部一直延伸通过钉体孔并从钉体头部的中心穿出，如图 6.8 所示。

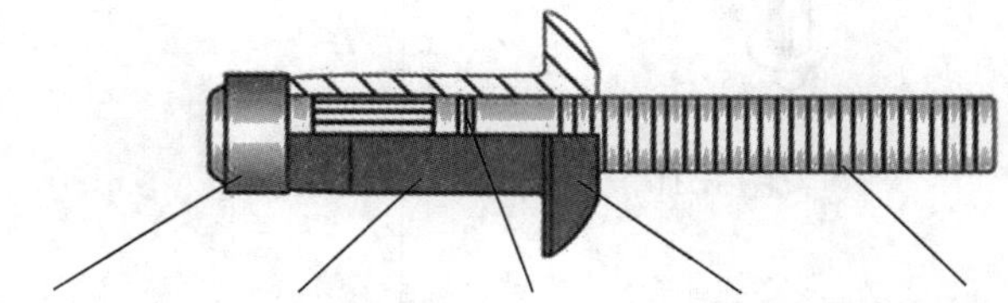

图 6.8　抽芯铆钉结构

在安装盲铆钉时，钉芯插入铆接工具的抓取机构，然后将其放入部件上已经准备好的钻孔或冲孔内。启动铆接工具，抓取机构的卡爪夹紧钉芯，将其拉入铆钉体，钉芯端头径向撑开铆钉壁使其充满孔洞。钉体末端形成一个承受载荷的头部或球体，将板件固定在一起。当作用在钉芯上的拉伸载荷超过铆钉体变形所需的载荷，钉芯就会在预定的断裂槽部位断开，如图 6.9 所示。

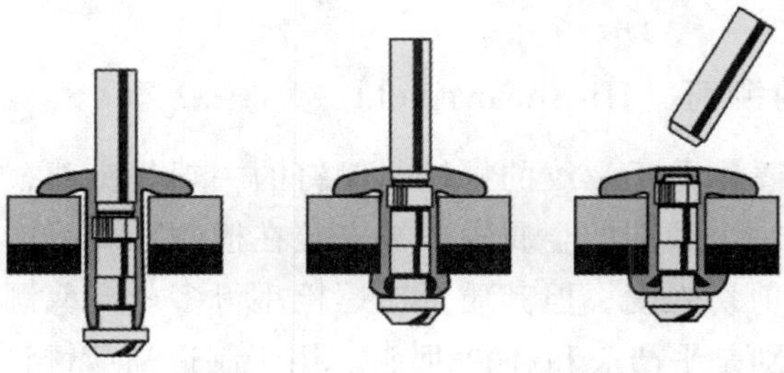

图 6.9　抽芯铆钉铆接过程

击芯铆钉是另一类盲铆钉，适用于不便采用实心铆钉或抽芯铆钉（缺乏拉铆枪）的铆接场合。铆接时，使用锤子敲击铆钉钉芯，使另一端膨胀，实现铆接，如图 6.10 所示。

抽芯铆钉钉件号含义如图 6.11 所示。

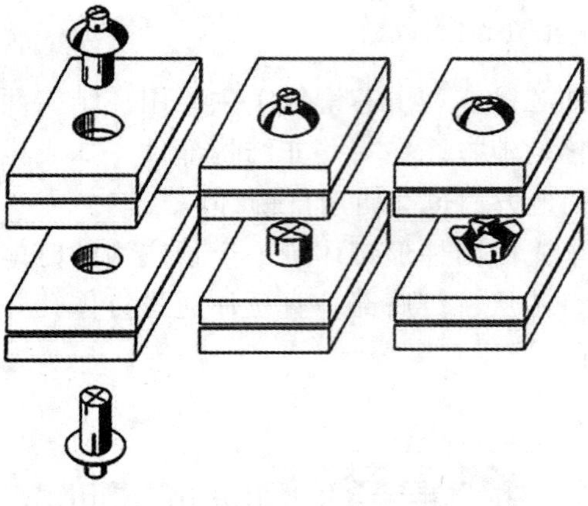

图 6.10　击芯铆钉铆接过程

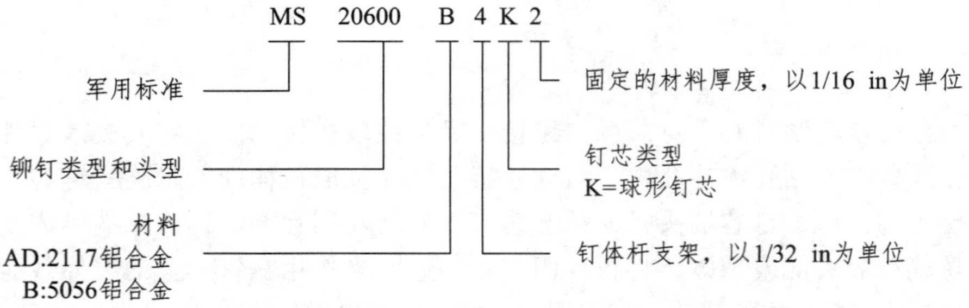

图 6.11　抽芯铆钉件号含义（美国军用规范）

6.2.3　高剪铆钉（Hi-Shear rivet）

高剪铆钉可看作是无螺纹的螺栓。铆钉的一端是头部，另一端带有围绕圆周一周的槽，一个锻造的金属轴环被安装在槽端。高剪铆钉可以提供与等直径螺栓相同的剪切强度，但其质量比螺栓小得多。高剪铆钉有两种头部样式可供选择，分别是平凸头和 100°埋头。用于制造高剪铆钉的材料有多种，由于铆钉的剪切强度大于铝合金薄板的剪切强度或承载强度，因此它们主要用于将厚板铆接在一起。高剪铆钉从不用于夹持厚度小于铆钉杆直径的地方。高剪铆钉如图 6.12 所示。

高剪铆钉的件号与实心铆钉相似，铆钉的直径以 1/32 in 为单位，铆钉长度以 1/16 in 为单位。以 NAS177-14-17 为例讲解代号含义：

NAS：National Aircraft Standard 美国国家航空航天标准。

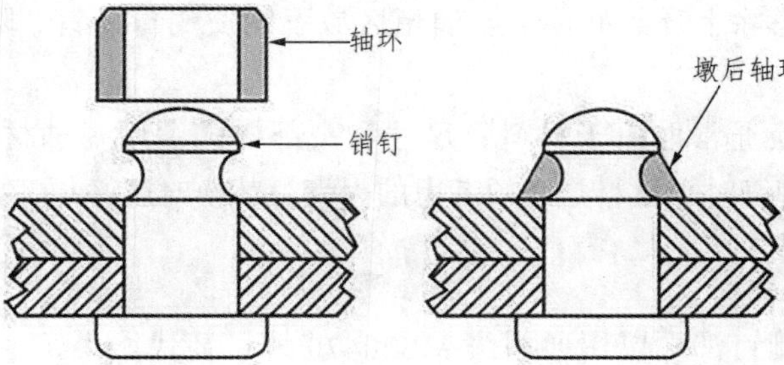

图 6.12　高剪铆钉

177：100°埋头铆钉（178 为平头铆钉）。

14：14/32 in 直径。

17：最大夹持厚度为 17/16 in。

该型号铆钉指的是直径 14/32 in、夹持长度 7/16 in 的埋头高剪铆钉。

6.2.4　互换性

在修理航空器时，一般遵循的规则是使用与拆下件相同的铆钉。更换埋头铆钉时，应使用相同类型和埋头角的铆钉。当铆钉孔被拉长、变形或其他损伤时，使用紧邻的较大号码的铆钉作为替换。当出现一些需要使用与原件不同的铆钉的状况出现时，如难以接近修理区域或指定的铆钉缺货，则需要考虑铆钉的替换。

1. 高剪切铆钉

高剪铆钉可看作像铆钉一样插入的无螺纹螺栓。在必需的情况下，可使用相同材料、强度和直径的紧公差螺栓替换高剪切铆钉，使用同样直径的自锁螺母固定。平头铆钉使用平头螺栓，凸头铆钉使用凸头螺栓。螺栓螺纹不得伸入材料。

2. 盲铆钉

盲铆钉抗剪切强度要小于等直径的实心铆钉，比较容易疲劳损坏。因此，在特定的连接点不主张用盲铆钉代替较多的实心铆钉，因为这样会导致其他的实心铆钉过应力。盲铆钉的强度应该等于或大于被替换的铆钉。在有凹窝的情况下（在金属成形过程中，孔周围的金属形成一个锥形凹窝以容纳平头铆钉或螺钉），应该在薄板被压窝后才钻铆钉孔。如果可能的话，应该给每个剪掉后暴露的头涂上环氧底漆。燃油箱区域不能使用盲铆钉，除非绝对需要，而且必须密封。

铆钉的替换通常取决于材料、尺寸和头部样式。用一种材料的铆钉替换另一种材料的铆钉时，材料是必须考虑的因素。替换时还必须考虑的其他因素。

3. 凸头铆钉

所有凸头铆钉都可以用通用头 MS20470 铆钉替代。

4. 沉头铆钉

沉头铆钉应更换为相同类型的铆钉。当所需的沉头铆钉缺失时，可从另一侧将凸头铆钉打入沉头孔中。在进行此操作时，应小心保持工具的平面与工作铆钉的长度平行，以使孔和埋头孔都完全填满。当这不可行时，钻出的铆钉头可用作垫圈，在这种情况下，以正常方式插入和驱动通用头铆钉，必须极其小心地在沉头铆钉头的中心钻孔。

5. 实心铆钉

只有在没有合适的铆钉或铆接设备的情况下，才可使用镀镉或镀锌钢标准螺栓或结构螺钉替换标准实心铆钉。在这种情况下，与替换铆钉尺寸相同的钢螺栓或螺钉足以替换任何类型的铆钉，但配合一定要紧密

镀锌螺栓在高温下会迅速弱化。因此，在温度超过 700 °F（371 °C）时，不得使用镀锌螺栓代替耐腐蚀钢铆钉。

镀镉螺栓在高温下会降低耐腐蚀性。因此，当温度超过 400 °F（204 °C）时，不得使用镀镉螺栓代替耐腐蚀钢铆钉。

不要用低强度的铆钉来替换更高强度的铆钉，除非强度差异通过使用较大直径的铆钉来弥补。例如，2024-T4 铝合金铆钉不得使用 2117-T4 或 2017-T4 铝合金铆钉来替换，除非使用下一个较大尺寸的铆钉。

6.3 螺栓（bolt）

6.3.1 概 述

通用航空器上的螺栓通常是按照 AN、MS 和 NAS 标准生产的。最常见的螺栓是六角头航空螺栓（AN3 ~ AN20），属于可用于拉、剪载荷的通用结构螺栓（5/8 in 孔的间隙为 0.006 in，其他按比例）。该型螺栓通常用 SAE2330 镍钢制成，并涂有镉涂层。

注意：合金钢螺栓直径小于 No.10-32（3/16 in 直径，AN-3），铝合金螺栓小于 1/4 in 直径，不能用于主结构。铝合金螺栓和螺母不得用于为了维护和检查而需要反复拆卸的地方。

AN73 ~ AN81（MS20073 ~ MS20074）头部钻孔螺栓与标准六角头螺栓基本一样，只是头部更厚，以便钻孔用于穿保险丝。从拉伸和剪切的强度来看，同样尺寸的 AN3 ~ AN20 和 AN73 ~ AN81 系列螺栓，在实际使用中是可以互换的。

紧公差螺栓比通用螺栓加工得更精确，紧公差螺栓有六角头（AN173 ~ AN186）、100°埋头（NAS80 ~ NAS86）等头型，用于需要紧配合的场合（只有用 12 ~ 14 oz 的锥子敲击螺栓时，螺栓才会移动到位）。

1. 螺纹类型

航空器上的螺栓、螺钉和螺母其螺纹有 NC 系列（美国国标粗牙 American National Coarse）、NF 系列（美国国标细牙 American National Fine）、UNC 系列（统一螺纹粗牙 American Standard Unified Coarse）和 UNF（统一螺纹细牙 American Standard Unified Fine）。UNC 和 UNF 系列由美国、英国、加拿大三国共同制定，目前是最常用的英制螺纹。螺纹表示方法为“直径-螺纹”，如 4-28 表示 1/4 in 螺杆直径，每英寸 28 个螺纹。

通常，螺纹按照制造中允许的公差分为 4 个等级：1 级为松配合，可以用手轻转动；2 级为空配合；3 级为中等配合；4 级为紧配合，必须用扳手才能在螺杆上转动螺母。通常，飞机上的螺钉按照 2 级配合制造，以便于组装。飞机上的大多数螺杆，通常按照中等配合制造。通用螺栓 AN3-AN20 即是按照 UNF-3 螺纹标准制造。

另外，螺纹按照旋向可分为左旋和右旋。

2. 尺　寸

维修中正确地选择更换所需的螺栓，几个尺寸（见图 6.13）是必须要考虑的：

螺栓的长度。螺栓的长度指螺栓螺纹的端部至头部夹紧面的距离。正确的螺杆长度是螺母拧紧后，螺杆端面超出螺母两个完整的螺纹以上。对于平端螺栓或端部倒角螺栓，螺杆应至少超过螺母完整的倒角加一个完整螺纹。如果螺栓太短，其伸出螺栓孔的长度将不足以保证螺母完全固定。如果螺栓太长，其伸出的螺杆将会影响附近零部件的运动，不必要的长度还会影响重量和平衡，降低飞机的有效载荷。此外，螺杆过短或过长，其无螺纹杆部长度通常是不能满足安装要求的。无螺纹杆部长度通常应略小于待固定材料的厚度。如果无螺纹杆部过短，螺栓的螺纹将伸入螺栓孔，当被固定零件振动时，螺纹将像铰刀一样造成固定零件的孔损伤。通常进入螺栓孔的螺纹应保证不超过两个，而且螺纹应在被夹持零件材料较厚的那一面。如果无螺纹杆部过长，螺母将无法夹紧要固定的零件，如果螺栓仅超出所需长度很短的距离，可使用垫圈。

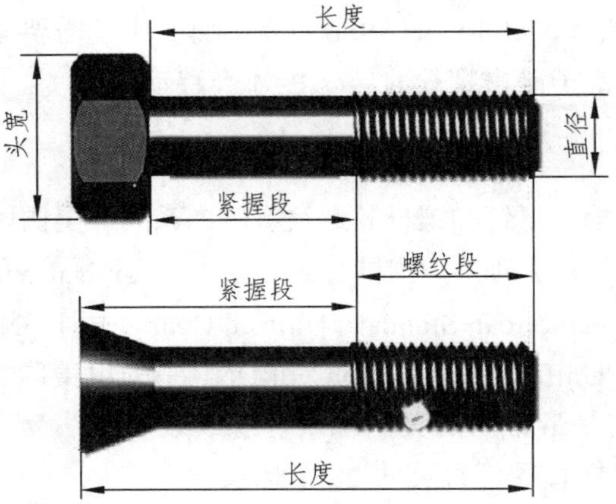

图 6.13　螺栓的尺寸

螺栓直径。螺栓直径如果为 1/4 in 或更大，则通常以英寸为单位，用数字表示。例如，1/4、5/16 等。但如果螺栓直径小于 1/4 in，则直径通常用整数表示，例如直径 0.190 in 的螺栓用 10 表示，直径为 0.164 in 的螺栓用 8 表示。使用错误直径的螺栓，很明显就能看出来，直径太大会无法插入螺栓孔，直径太小会使间隙过大，难以牢固固定。

螺栓头的厚度和直径。如果螺栓头过薄或过小，将无法实现所需的夹持载荷。如果螺栓头过厚或过大，将会干扰附近零件。

6.3.2　螺栓件号

1. AN 螺栓件号

AN3 ~ AN20 是航空中最常见的螺栓，件号组成如下：

AN 4 (H) - 10 (A)

AN——Army(Air Force)/Navy Specificaiton（美国）陆（空）、海军标准；

4——螺栓直径代码，表示以 1/16 英寸为单位的直径。例如数字为 4，表示该螺栓直径为 4/16 in；

H——螺栓头钻孔用于打保险，无 H 表示没有钻孔；

“-”——螺栓用碳钢制造，如果是字母“C”表示不锈钢，字母“D”表示 2017 铝合金，字母“DD”表示 2024 铝合金；

10——螺栓总长度代码，可以是一位数字，也可以是两位数字，含义如下：

如果只有一位数字，表示以 1/8 in 为单位再加上 1/32 in 的螺栓总长度。例如，数字 4 表示螺栓长度为(4/8+1/32)in，约为 0.531 in。

如果有两位数字，第一位数字表示英寸数，第二位数字表示以 1/8 in 为单位再加上 1/32 in。例如，数字 10 表示螺栓总长度为(1+0/8+1/32)in=1.031 in。

A——螺杆头部无钻孔用于开口销保险，无 A 表示有钻孔

AN3DD5A 表示 3/16 in 直径、2024 铝合金材料、长度(5/8+1/32)in、螺杆头部无开口销孔的螺栓。

2. MS 螺栓件号

MS 2004 (H)-H 9

MS——Military Specifications or Standards（美国）军用规范；

2004——螺栓类型和螺栓直径，2004 表示内六角、4/16 in 直径；

H——表示螺栓头钻孔用于打保险，无 H 表示没有钻孔；

9——螺栓夹紧长度，以 1/16 in 为单位。

3. NAS 螺栓件号

NAS 14 4-25

NAS——National Aerospace Standards（美国）国家航空航天标准；

14——螺栓类型；

4——螺栓直径，以 1/16 in 为单位；

25——螺栓夹紧长度，以 1/16 in 为单位。

常用螺栓尺寸和力学性能见表 6.5 和表 6.6。

表 6.5 螺栓尺寸

AN3 thru AN20 - AIRFRAME BOLTS Steel - Cadmium plated per QQ-P-416, Type II, Class 3.
Aluminum Alloy. 431 Stainless Steel (CRES). Minimum Tensile Strength (Steel and CRES) - 125,000psi. See Chart
AN42 thru AN49 EYEBOLTS Steel - Cadmium plated per QQ-P-416, Type II, Class 3. CRES.

	(3/16) #10-32 (.186-.189) **AN3** **AN42 AN42B**		1/4-28 (.246-.249) **AN4** **AN43 AN43B**		5/16-24 (.309-.312) **AN5** **AN44 AN45**		3/8-24 (.371-.374) **AN6** **AN46**		7/16-20 (.433-.437) **AN7** **AN47**		1/2-20 (.495-.499) **AN8** **AN48**	
DASH NO.	GRIP ±1/64	LENGTH +1/33 -1/64	GRIP ±1/64	LENGTH +1/32 -1/64	GRIP ±1/64	LENGTH +1/32 -1/64	GRIP ±1/64	LENGTH +1/32 -1/64	GRIP ±1/64	LENGTH +1/32 -1/64	GRIP ±1/64	LENGTH +1/32 -1/64
3	1/16	15/32	1/16	15/32								
4	1/8	17/32	1/16	17/32	1/16	19/32						
5	1/4	21/32	3/16	21/32	3/16	23/32	1/16	45/64	1/16	23/32		
6	3/8	25/32	5/16	25/32	5/16	27/32	3/16	53/64	3/16	27/32	1/16	27/32
7	1/2	29/32	7/16	29/32	7/16	31/32	5/16	61/64	5/16	31/32	3/16	31/32
10	5/8	1-1/32	9/16	1-1/32	9/16	1-3/32	7/16	1-5/64	7/16	1-1/32	5/16	1-1/32
11	3/4	1-5/32	11/16	1-5/32	11/16	1-7/32	9/16	1-13/64	9-16	1-7/32	7/16	1-7/32
12	7/8	1-9/32	13/16	1-9/32	13/16	1-11/32	11/16	1-21/64	11/16	1-11/32	9/16	1-11/32
13	1	1-13/32	15/16	1-13/32	15/16	1-15/32	13/16	1-29/64	13/16	1-15/32	11/16	1-15/32
14	1-1/8	1-17/32	1-1/16	1-17/32	1-1/16	1-19/32	15/16	1-37/64	15/16	1-19/32	13/16	1-19/32
15	1-1/4	1-21/32	1-3/16	1-21/32	1-3/16	1-23/32	1-1/16	1-45/64	1-1/16	1-23/32	15/16	1-23/32
16	1-3/8	1-25/32	1-5/16	1-25/32	1-5/16	1-27/32	1-3/16	1-53/64	1-3/16	1-27/32	1-1/16	1-27/32
17	1-1/2	1-29/32	1-7/16	1-29/32	1-7/16	1-31/32	1-5/16	1-61/64	1-5/16	1-31/32	1-3/16	1-31/32
20	1-5/8	2-1/32	1-9/16	2-1/32	1-9/16	2-3/32	1-7/16	2-5/64	1-7/16	2-3/32	1-5/16	2-3/32
21	1-3/34	2-5/32	1-11/16	2-5/32	1-11/16	2-7/32	1-9/16	2-13/64	1-6/16	2-7/32	1-7/16	2-7/32
22	1-7/8	2-9/32	1-13/16	2-9/32	1-13/16	2-11/32	1-11/16	2-21/64	1-11/16	2-11/32	1-9/16	2-11/32
23	2	2-13/32	1-15/16	2-13/32	1-15/16	2-15/32	1-13/16	2-29/64	1-13/16	2-15/32	1-11/16	2-15/32
24	2-1/8	2-17/32	2-1/16	2-17/32	2-1/16	2-19/32	1-15/16	2-37/64	1-15/16	2-16/32	1-13/16	2-19/32
25	2-1/4	2-21/32	2-3/16	2-21/32	2-3/16	2-23/32	2-1/16	2-45/64	2-1/16	2-23/32	1-15/16	2-23/32
26	2-3/8	2-25/32	2-5/16	2-25/32	2-5/16	2-27/32	2-3/16	2-53/64	2-3/16	2-27/32	2-1/16	2-27/32
27	2-1/2	2-29/32	2-7/16	2-29/32	2-7/16	2-31/32	2-5/16	2-61/64	2-5/16	2-31/32	2-3/16	2-31/32
30	2-5/8	3-1/32	2-9/16	3-1/32	2-9/16	3-3/32	2-7/16	3-5/64	2-7/16	3-3/32	2-5/16	3-3/32
31	2-3/4	3-5/32	2-11/16	3-5/32	2-11/16	3-7/32	2-9/16	3-13/64	2-9/16	3-7/32	2-7/16	3-7/32
32	2-7/8	3-9/32	2/13/16	3-9/32	2-13/16	3-11/32	2-11/16	3-21/64	2-11/16	3-11/32	2-9/16	3-11/32
33	3	3-13/32	2-15/16	3-13/32	2-15/16	3-15/32	2-13/16	3-29/64	2-13/16	3-15/32	2-11/16	3-15/32
34	3-1/8	3-17/32	3-1/16	3-17/32	3-1/16	3-19/32	2-15/16	3-37/64	2-15/16	3-19/32	2-13/16	3-19/32
35	3-1/4	3-21/32	3-3/16	3-21/32	3-3/16	3-23/32	3-1/16	3-45/64	3-1/16	3-23/32	2-15/16	3-23/32
36	3-3/8	3-25/32	3-5/16	3-25/32	3-5/16	3-27/32	3-3/16	3-53/64	3-3/16	3-27/32	3-1/16	3-27/32
37	3-1/2	3-29/32	3-7/16	3-29/32	3-7/16	3-31/32	3-5/16	3-61/64	3-5/16	3-31/32	3-3/16	3-31/32
40	3-5/8	4-1/32	3-9/16	4-1/32	3-9/16	4-3/32	3-7/16	4-5/64	3-7/16	4-3/32	3-5/16	4-3/32
41	3-3/4	4-5/32	3-11/16	4-5/32	3-11/16	4-7/32	3-6/16	4-13/64	3-9/16	4-7/32	3-7/16	4-7/32
42	3-7/8	4-9/32	3-13/16	4-9/32	3-13/16	4-11/32	3-11/16	4-21/64	3-11/16	4-11/32	3-9/16	4-11/32
43	4	4-13/32	3-15/16	4-13/32	3-15/16	4-15/32	3-13/16	4-29/64	3-13/16	4-15/32	3-11/16	4-15/32
44	4-1/18	4/17/32	4-1/16	4-17/32	4-1/16	4-19/32	3-15/16	4-37/64	3-15/16	4-19/32	3-13/16	4-19/32
45	4-1/14	4-21/32	4-3/16	4-21/32	4-3/16	4-23/32	4-1/16	4-45/64	4-1/16	4-23/32	3-15/16	4-23/32
46	4-3/8	4-25/32	4-5/16	4-25/32	4-5/16	4-27/32	4-3/16	4-53/64	4-3/16	4-27/32	4-1/16	4-27/32
47	4-1/2	4-29/32	4-7/16	4-29/32	4-7/16	4-31/32	4-5/16	4-61/64	4-5/16	4-31/32	4-3/16	4-31/32
50	4-5/8	5-1/32	4-9/16	5-1/32	4-9/16	5-3/32	4-7/16	5-5/64	4-7/16	5-3/32	4-5/16	5-3/32
51	4-3/4	5-5/32	4-11/16	5-5/32	4-11/16	5-7/32	4-9/16	5-13/64	4-9/16	5-7/32	4-7/16	5-7/32
52	4-7/8	5-9/32	4/13/16	5-9/32	4-13/16	5-11/32	4-11/16	5-21/64	4-11/16	5-11/32	4-9/16	5-11/32
53	5	5-13/32	4-15/16	5-13/32	4-15/16	5-15/32	4-13/16	5-19/64	4-13/16	5-15/32	4-11/16	5-15/32
54	5-1/18	5-17/32	5-1/16	5-17/32	5-1/16	5-19/32	4-15/16	5-37/64	4-15/16	5-19/32	4-13/16	5-19/32
55	5-1/14	5-21/32	5-3/16	5-21/32	5-3/16	5-23/32	5-1/16	5-45/64	5-1/16	5-23/32	4-15/16	5-23/32
56	5-3/8	5-25/32	5-5/16	5-25/32	5-5/16	5-27/32	5-3/16	5-53/64	5-3/16	5-27/32	5-1/16	5-27/32
57	5-1/2	5-29/32	5-7/16	5-29/32	5-7/16	5-31/32	5-5/16	5-61/64	5-5/16	5-31/32	5-3/16	5-31/32
60	5-5/8	6-1/32	5-9/16	6-1/32	5-9/16	6-3/32	5-7/16	6-5/64	5-7/16	6-3/32	5-5/16	6-3/32

	AN3	**AN4**	**AN5**	**AN6**	**AN7**	**AN8**
Washer	AN960-10	AN960-416	AN960-516	AN960-616	AN960-716	AN960-816
Nut	AN365-1032	AN365-428	AN365-524	AN365-624	AN365-720	AN365-820
Cotter Pin	AN380-2 1/16	AN380-2 1/16	AN380-2 1/16	AN380-3 3/32	AN380-3 3/32	AN380-3 3/32

表 6.6 常用螺栓的力学性能

RATED STRENGTH (POUNDS)*

AN Bolt	Thread	Tensile Steel	Tensile Aluminum	Yield Steel	Yield Aluminum	Single Shear Steel	Single Shear Aluminum
AN3	No. 10-32 NF -3A	2210	1100	1690	710	2125	990
AN4	1/4 -28 UNE-3A	4080	2030	3130	1310	3680	1715
AN5	5/16-24 UNF-3A	6500	3220	4980	2080	5750	2685
AN6	3/8 -24 UNF -3A	10100	5020	7740	3240	8280	3870
AN7	7/16-20 UNF -3A	13600	6750	10430	4350	11250	5250
AN8	1/2 -20 UNF -3A	18500	9/80	14190	5920	14700	6850
AN9	9/16-18 UNF -3A	23600	11700	18100	7550	18700	8700
AN10	5/8 -18 UNF-3A	30100	14900	23080	9610	23000	10750
AN12	3/4 -16 UNF -3A	44000	21800	33730	14100	33150	15500
AN14	7/8 -14 UNF-3A	60000	29800	46000	19200	45050	21050
AN16	1 -14 NF -3A	80700	40000	61870	25800	58900	27500
AN17	1 -12 UNF -3A	80700	40000	61870	25800	58900	27500
AN18	1-1/8 -12 UNF-3A	101800	50500	78050	32600	73750	34500
AN20	1-1/4 -12 UNF-3A	130200	64400	99820	41500	91050	42500

6.3.3 螺栓头部标识

螺纹紧固件可以用头部形状、保险方式、制造材料、预期用途来区分，常见的紧固件头型如图 6.14 所示。

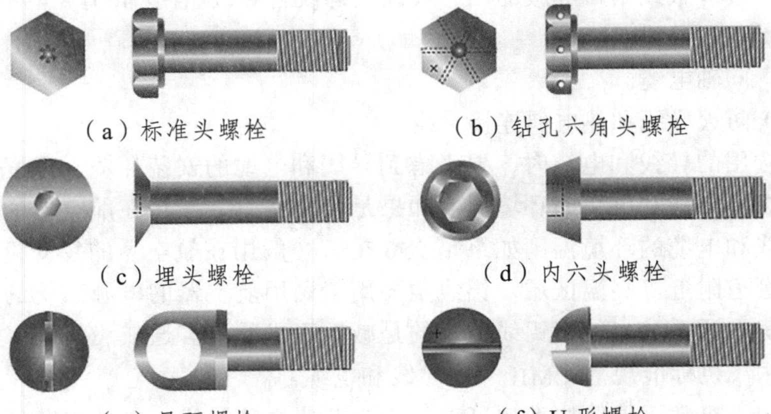

（a）标准头螺栓　（b）钻孔六角头螺栓

（c）埋头螺栓　（d）内六头螺栓

（e）吊环螺栓　（f）U 形螺栓

图 6.14　螺栓头部标识

AN 系列六角头螺栓（AN3 ~ AN20）是一种最常见的通用结构螺栓。在螺栓头部，通常有表示制造商、螺栓材料以及螺栓是标准 AN 类型还是特殊用途的标记，如图 6.15 所示。一个凸起的短横线，表示螺栓材料为不锈钢。两个凸起的短横线，表示螺栓材料为铝合金。按照 MS 和 NAS 标准制造的螺栓，通常在头部标识件号。从螺栓的件号中可获取螺栓直径、长度和夹持长度等信息。

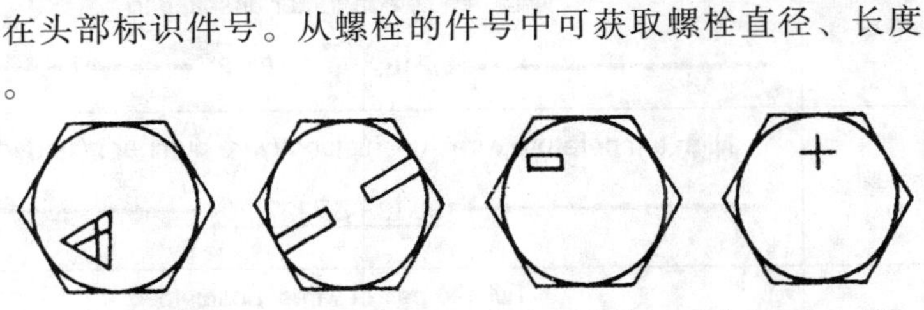

（a）钢　（b）铝合金　（c）不锈钢　（d）合金钢

图 6.15　螺栓头部标识

高扭矩螺栓，螺栓头单槽的中心比外部窄，提供了一个蝴蝶结形状的插槽。这种螺栓必须与专用的高扭矩驱动适配器一起使用。

6.4 导　线

6.4.1 导线识别

导线电缆的基本类型：

（1）带屏蔽或不带屏蔽的单芯 Class Ⅰ 导线/电缆 0001 ~ 1999。

（2）带屏蔽或不带屏蔽的双芯绞合 Class Ⅱ 导线/电缆 2001 ~ 2999。

（3）带屏蔽或不带屏蔽的三芯绞合 Class Ⅲ 导线/电缆 3001 ~ 3999。

（4）带屏蔽或不带屏蔽的四芯及以上的绞合导线/电缆 4001 ~ 4999。

（5）高温导线。

（6）同轴电缆。

（7）防火导线和热电偶连接导线。

在选用的导线和电缆时，要考虑到导线和电缆的安装环境、温度等级和绝缘等级，导线和电缆的环境温度如果是 105 °C，一般用在航空器的常温区域。导线和电缆的环境温度如果是 250 °C，一般用在航空器的发动机、APU 和气源管道附近等高温区域。铝线主要用于民用航空器的电源系统的部分线路和厨房电源系统，使用铝线的目的是减轻飞机重量。通航飞机大多选用美国的军用飞机标准规范（MIL）的导线和电缆。

通用飞机常用导线按类型可以分为单芯非屏蔽导线、单芯屏蔽导线、高温非屏蔽导线、非屏蔽导线、多芯非屏蔽导线，多芯屏蔽导线等。根据线路图可以确定导线类型，其线路标识见表 6.7。

表 6.7　通用飞机常用导线类型

导线类型	线路标记符号
单芯非屏蔽导线	Wire, single conductor unshielded HJF162-96PF15(22)
高温非屏蔽导线	High temperature wire, unshielded (wire number is underlined) 3S183-SP227(20)
非屏蔽绞线	Twisted pair of wires, unshielded 23PF119-CPF41(22)WHITE 8PF119-EPF41(22)BLACK
单芯屏蔽导线	Shielded single conductor 9PT52-9PT54(22)
多芯屏蔽导线	Shielded two conductor EJF28-MPF143(20)WHITE FJF28-KPF143(20)BLACK

6.4.2 导线和电缆的基本特点

导线和电缆由芯线、屏蔽层和各种类型的绝缘层构成。环境温度 105 °C 的导线和电缆芯线主要由镀银、镀锡的多股铜丝组成。环境温度 250 °C 的导线和电缆芯线主要由镀银、镀镍的多股高密度铜合金组成。屏蔽层主要由镀银、镀锡铜丝编织成网状结构或由镀银、镀镍的多股高密度铜合金编织成网状结构，不同类型的电缆有不同的功能。导线和电缆绝缘层由聚氯乙烯（PVC）、玻璃丝加强的聚酯树脂（GUP）、聚酰胺（PA）、聚四氟乙烯（PTFE）、卡玻隆纤维（KAPTCON）、硅树脂绝缘材料（SI）和玻璃纤维加强的聚四氟乙烯（GPTFE）等绝缘材料构成。

图 6.16 至图 6.19 所示为常用 MIL 标准电缆的结构。

图 6.16　MIL-W-7139 导线结构

图 6.17　MIL-W-7078 导线结构

图 6.18　MIL-W-7072 导线结构

图 6.19 MIL-W-25038 防火导线结构

6.4.3 导线规格

导线规格按美国线规（American Wire Gauge，AWG）标识，AWG 是一种区分导线直径的标准，根据直径来决定线号的，绞线是根据横截面面积来决定线号，AWG 线规对照见表 6.8。

表 6.8 AWG 线规对照表

AWG	外径		截面面积/（mm^2）	电阻值/（Ω/km）	AWG	外径		截面面积/（mm^2）	电阻值/（Ω/km）
	公制/mm	英制/in				公制/mm	英制/in		
4/0	11.68	0.46	107.22	0.17	13	1.82	0.072 0	2.627	6.69
3/0	10.40	0.409 6	85.01	0.21	14	1.63	0.064 1	2.075	8.45
2/0	9.27	0.364 8	67.43	0.26	15	1.45	0.057 1	1.646	10.6
1/0	8.25	0.324 9	53.49	0.33	16	1.29	0.050 8	1.318	13.5
1	7.35	0.289 3	42.41	0.42	17	1.15	0.045 3	1.026	16.3
2	6.54	0.257 6	33.62	0.53	18	1.02	0.040 3	0.810 7	21.4
3	5.83	0.229 4	26.67	0.66	19	0.912	0.035 9	0.566 7	26.9
4	5.19	0.204 3	21.15	0.84	20	0.813	0.032 0	0.518 9	33.9
5	4.62	0.181 9	16.77	1.06	21	0.724	0.028 5	0.411 6	42.7
6	4.11	0.162 0	13.30	1.33	22	0.643	0.025 3	0.324 7	54.3
7	3.67	0.144 3	10.55	1.68	23	0.574	0.022 6	0.258 8	66.8
8	3.26	0.128 5	8.37	2.11	24	0.511	0.020 1	0.204 7	89.4
9	2.91	0.114 4	6.63	2.67	25	0.44	0.017 9	0.162 4	106
10	2.59	0.101 9	5.26	3.36	26	0.404	0.015 9	0.128 1	143
11	2.30	0.090 7	4.17	4.24	27	0.361	0.014 2	0.102 1	128
12	2.05	0.080 8	3.332	5.31	28	0.32	0.012 6	0.080 4	227

续表

AWG	外径		截面面积/（mm^2）	电阻值/（Ω/km）	AWG	外径		截面面积/（mm^2）	电阻值/（Ω/km）
	公制/mm	英制/in				公制/mm	英制/in		
29	0.287	0.011 3	0.064 7	289	38	0.102	0.004 0	0.008 1	2,400
30	0.254	0.010 0	0.050 7	361	39	0.089	0.003 5	0.006 2	2,100
31	0.226	0.008 9	0.040 1	430	40	0.079	0.003 1	0.004 9	4,080
32	0.203	0.008 0	0.031 6	583	41	0.071	0.002 8	0.004 0	3,685
33	0.18	0.007 1	0.025 5	944	42	0.064	0.002 5	0.003 2	6,300
34	0.16	0.006 3	0.020 1	956	43	0.056	0.002 2	0.002 5	5,544
35	0.142	0.005 6	0.016 9	1,200	44	0.051	0.002 0	0.002 0	9,180
36	0.127	0.005 0	0.012 7	1,530	45	0.046	0.001 8	0.001 6	10,200
37	0.114	0.004 5	0.009 8	1,377	46	0.041	0.001 6	0.001 3	16,300

6.4.4 导线标识

飞机上安装的每条互连电线和电缆均应标有字母和数字的组合，用于标识电线所属的电路、规格尺寸以及与电线连接的电路图信息，该标记称为电线识别代码。导线标识的字母和数字定义了导线、电缆数量、屏蔽样式以及材料和护套材料，导线应以清晰的字符标识，间隔不应超过 15 in。导线标识可以按如下方式在导线上标记：① 单丝热压；② 压敏胶带的热压印；③ 乙烯基套的标记；④ 印刷箔的标记。

导线标识和编号系统的示例，图 6.20 标识显示导线的一端连接到靠近连接器 P481 的引脚 B 上，导线的另一端连接到连接器 J482 的引脚 P，导线规格为 24 号，是此接线图上的 2 号屏蔽对的一部分。线号旁边的图表上的 A3942 标示导线执行的 STD（标准）。

导线应在每个断点或每个端子大约 3 英寸处标记，在连接点附件可以适当增加该距离以安装扎带，夹具，连接器，支撑装置或端子。长度小于 3 英寸的导线以及作为设备的一部分的外部导线上无须标识线号。

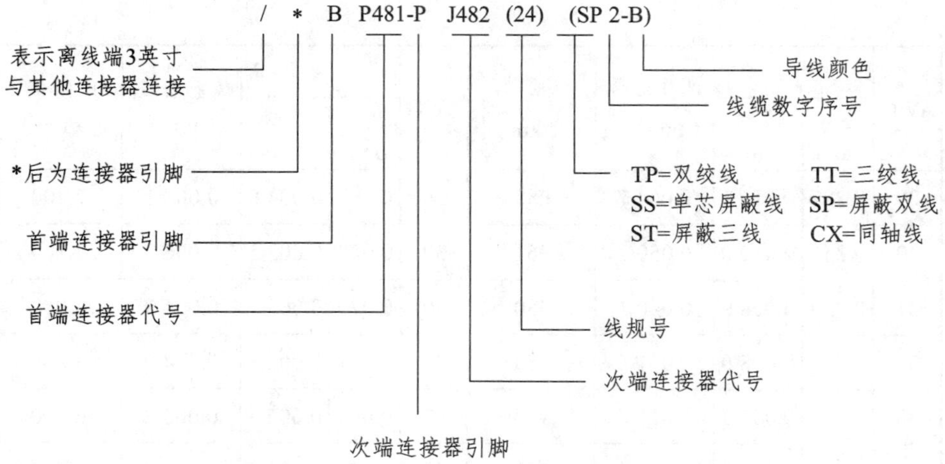

图 6.20 导线标识

6.4.5 导线更换

更换导线或将现有导线用于新用途时，需要重新标识导线。导线和电缆在替代时必须满足以下要求：

（1）替代导线和电缆必须与原有件具有相同数量的芯线。

（2）替代必须有相同尺寸导体。

（3）替代导线和电缆必须具备相同的色码。

更换导线时，若线路图未注明导线规格，应按以下程序来确定导线规格。

（1）确定导线类型。

（2）按照导线识别号确定导线规格。

（3）按照线路图确定导线数量。

（4）对于未屏蔽的单芯导线，按照件号为（基准零件代号）-（规格）-（颜色）确定新的替代件号，即使要更换的焊线规格与显示的不同。其中，基准零件代号为导线执行标准规格，如 MIL-W-22759/3，也可标注为 M22759/3 或 SAE AS22759/3（见表 6.9），颜色代码用数字表示，颜色代码如下：0——黑，1——棕，2——红，3——橙，4——黄，5——绿，6——蓝，7——紫，8——灰，9——白。

例如，Cessna172 飞机上：

（1）HJF162-96PF15(22)，白色非屏蔽单芯导线不需要耐高温，可以用 MIL-W-81044/12-22-9 替换。

表 6.9　非屏蔽单芯导线

基准零件代号	导线类型	用途
MIL-W-22759/16	非屏蔽单芯导线	22-4 号规格
MIL-W-81044/12	非屏蔽单芯导线	用于防火墙后，22-12 号规格
MIL-W-81044/9	非屏蔽单芯导线	用于防火墙前，20-10 号规格

（2）3S183-SP227(20)，白色高温非屏蔽单芯导线，可以用 M22759/3-20-9 替换。

（3）GND17-ESG1(00)，启动发电机单芯导线，可以用 M22759/41-00-9 替换。

注：具体执行标准含义可以参考 MIL-W-22759、MIL-W-81044 军用规格标准。

（4）对于非屏蔽绞线或者屏蔽导线，选用 MIL-C-27500 标准为基准件号，按照(基准零件代号)-(规格)-(颜色)确定新的替代件号。MIL-C-27500 为美军标，同时也可标注为 M27500 或 SAE -27500，其件号标识如图 6.21 所示。

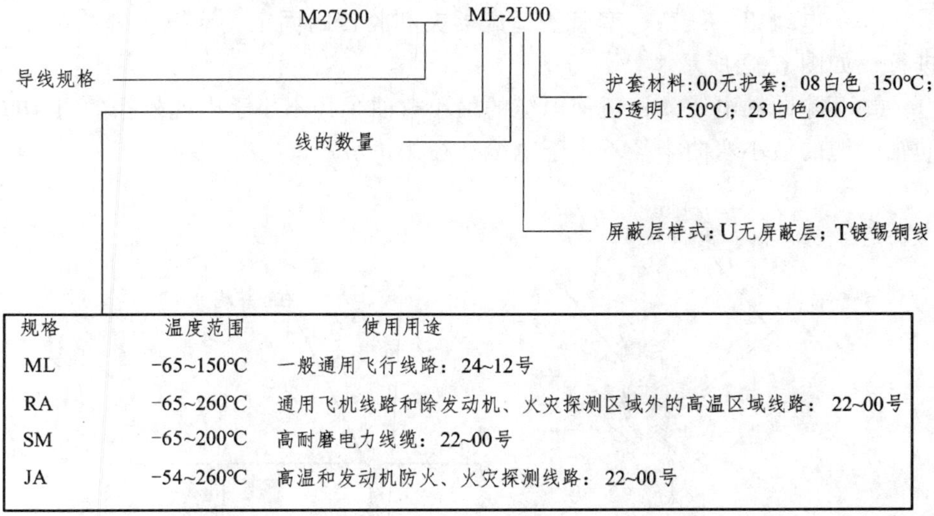

图 6.21　M27500 件号标识

例如，Cessna172 飞机上：

（1）对于非屏蔽绞合线，一对双绞导线，EJF28-MPF143(20)白色和 FJF28-KPF143(20)黑色，可以使用 M27500-(Gage)ML*U00 标准作为基准件号，将*替换为导线数量，并加入线规格 20 号，其导线规格为 M27500-20ML2U00。

（2）对于屏蔽单导线和多导线，9PT52-9PT54(22)（在图中显示为屏蔽），可以使用 M27500-(Gage)ML*T08 标准作为基准件号，将*替换为导线数量，并加入线规格 22 号，其导线规格为 M27500-22ML1T08。

注：具体执行标准含义可以参考 MIL-W-27500 军用规格标准。

6.4.6 导线安装

（1）安装导线时要避免交叉，曲折和扭结。接线不得连接到装有易燃液体或氧气的管道上或由其支撑。在可能积聚液体的位置安装导线必须采取保护措施，如使用管路、套管。对于发热超过 140°F 的组件，距离布线导线距离不得小于 3 in。在高温下工作的电线应用胶带包裹或包含在导管中。

（2）电线和电缆应避免与粗糙或不规则的表面以及锋利的边缘接触，避免在尖锐的表面布线。采取使用金属扣、保护套、适当支撑等方式对导线进行保护，避免擦伤。在距电线或电缆 0.20 in 以内的所有螺钉或金属边缘均应涂以绝缘涂层，并用尼龙履带式索环进行保护或采取其他保护措施。

（3）穿线布线时，导线上轻轻涂上一层凡士林或润滑剂，布线时留出足够的松弛裕度。

（4）电线组、线束、套管、适配器夹和胶带的固定，应以丁香结和方结进行，如图 6.22 所示。

（5）除同轴电缆外，任何电缆的最小弯曲半径不小于电缆外径的 1/10。同轴电缆的最小弯曲半径不小于电缆外径的 1/6。

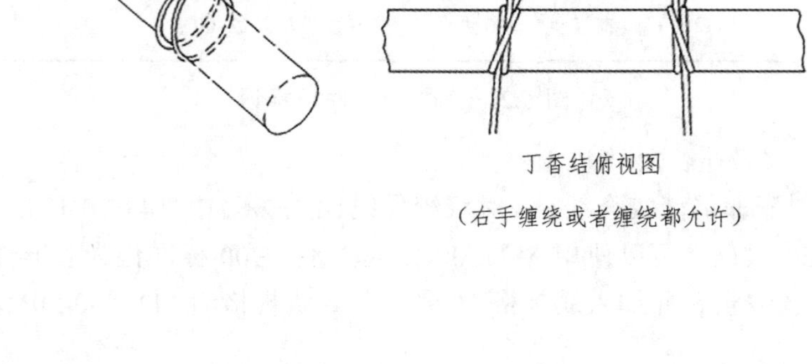

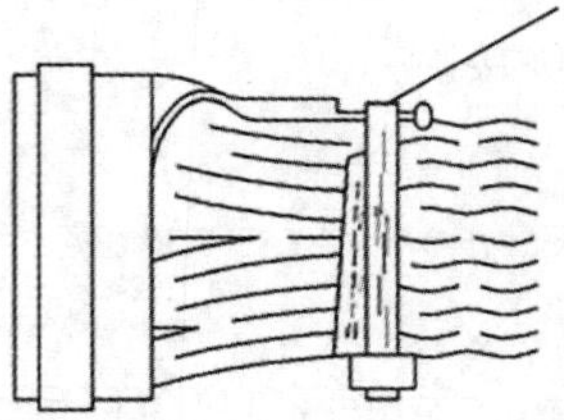

使用安装工具先给线束缠绕一次系带，再给线束和连接器夹具一起缠绕一次系带

塑料系带缠绕方式如图所示，如选其他的细带缠绕方式可参考上图

图 6.22　捆绑结示意图

（6）接线应在可见的地方进行布线，以便进行维护。不得使用会在使用中变干，与电线绝缘层发生化学反应或吸收水分的胶带。除非包含在导管或导管中，开放区域布线，对布线进行固定支撑的间隔不得超过 12 in。

6.4.7　导线修理

（1）如果电线或电缆的损坏仅限于外壳，且能够证明线路系统不会受到影响，可以对损坏导线进行拼接、焊接或用胶带黏合修理，否则必须用新电线更换断裂、磨损、破裂或损坏的整根导线。更换导线段，必须在上面重新标识出类型及规格。不能使用小尺寸导线替换大尺寸导线。

（2）对于编织尼龙绝缘电线，清洁需要用油脂修理的区域，把松动的尼龙线尽可能均匀地放平在受损区域上，在受损区域上缠绕双层乙烯基胶带，重叠胶带的 1/2 宽度。胶带应超出损坏区域的两端至少 1 in，用尼龙绳将带子的两端扎在一起，并用清漆刷绳结，小规格线可以用乙烯基胶带包裹。

（3）对于铬/铝热电偶线，用溶剂清洁损坏的区域，在受损区域上尽可能均匀地放平松散的玻璃纤维覆盖层末端，在受损区域上用双层玻璃纤维编织物胶带（Permacel EE-3343）紧紧缠绕包裹，重叠宽度为胶带的 1/2。胶带应超出损坏区域的两端至少 1 in。粘贴区域的最大长度应不大于 3.5 in，用热风枪或电灯将其加热到约 320°F 30 min，以固化胶带。通过用耐热材料覆盖来保护相邻的电线免受热，如图所示，应在剥开并修剪过的热电偶引线上的外部绝缘层端头往回约 1/2 in 开始包裹。

（4）拼接电线。不建议接线，但在某些情况下，必须拼接电线时，应将所有接头均盖上绝缘套并固定。只要接头被完全覆盖，预绝缘的接头就不需要用额外的套管覆盖。用于预绝缘接头的接头压接工具有根据绝缘层的厚度设置为 1、2、3 或 4 的绝缘压接调节工具。接头的绝缘层应牢固压接，且不损坏，同一线组或线束中的接头应交错排列，以防止线组或线束过度扩大，如图 6.23 所示。铝缆不得拼接。

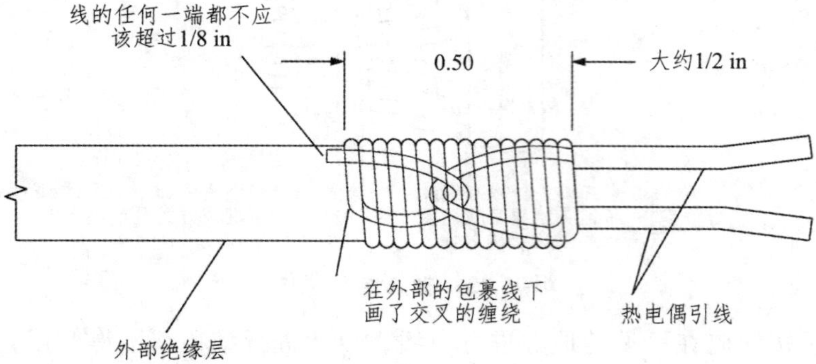

图 6.23　拼接电线

（5）拼接屏蔽线，同一线组或线束中的接头应错开，以防止线组或线束过度扩大，接头不得位于线夹下方或线束弯曲的地方，例如在仪器的线束分支处，如图 6.24 所示错开内部导体接头，在安装编织的焊锡套管后，焊锡应完全熔化，并且环境密封带必须与电线的外部绝缘套接触，安装编织锡焊套管后，不得切割或分裂编织锡焊套管。屏蔽线不得穿过编织的焊接套管。

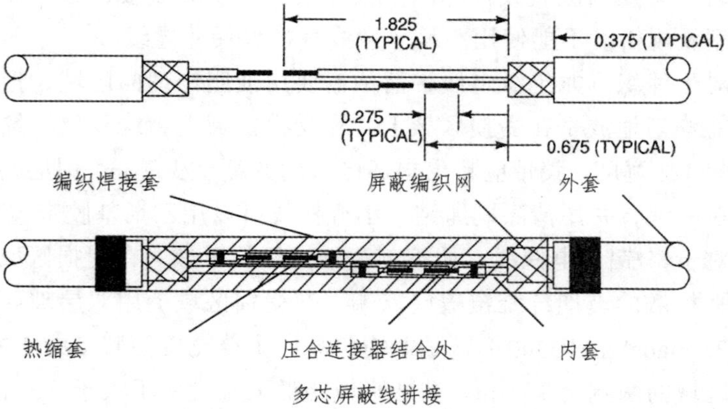

图 6.24　拼接屏蔽线

（6）接驳同轴电缆。不建议将同轴电缆拼接起来，但在某些情况下，可能需要将同轴电缆拼接起来。在需要特定长度的电缆才能正常运行的系统中使用的同轴电缆不得进行拼接，如无线电高度计和 ELT。不得将三同轴电缆进行拼接，同轴电缆的拼接仅限于 Nav、Comm 和 DME 系统，在损坏的位置切断同轴电缆。在同轴电缆的末端安装 TNC 型（螺纹）同轴电缆插头和插孔，或在同轴电缆的两端安装 TNC 型（螺纹）同轴电缆插头，然后连接至隔板直通连接器，用符合 MIL-I-23053 的热缩管覆盖接头，如图 6.25 所示。所有电线均应使用剥线工具进行剥线。只有对电缆和铝线可以使用刀剥线，电线上应剥去足够长的绝缘层，以使绝缘层不会触及连接的地方，应注意避免划伤或以其他方式损坏电线或保持绝缘。

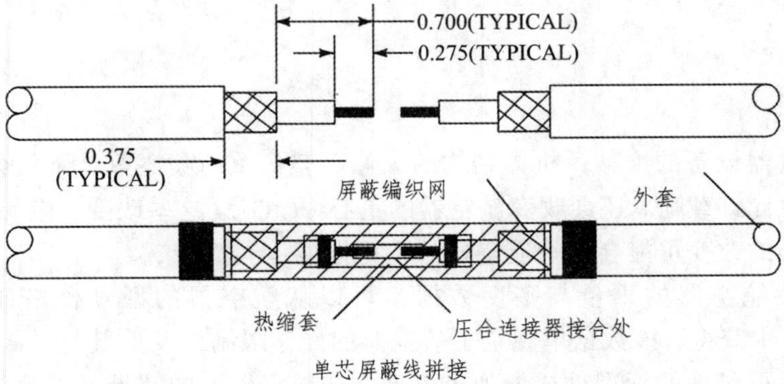

图 6.25　接驳同轴电缆

第 7 章
重量与平衡

航空器设备的增减、机体结构的大修、整机重新喷漆等，不仅会改变空重和有效允许载荷，还会改变航空器的重心（C.G.）。这些改变，应受到关注，因为重心的改变可能会影响航空器的飞行性能。

有关航空器的重量与平衡数据，可以从航空器的型号合格证数据单（TCDS）中获得，该数据单规定了航空器的操作限制以及重量与平衡报告等。拆除重量可忽视的标准件或增加小部件，如航空器上的螺母、螺栓、铆钉、垫片等标准件，不需要做重量与平衡检查。但如果进行了重要的改装、修理或较大设备的更换，则需要做重量与平衡检查。通用航空器通常还会规定一个时限，来完成定期的重量与平衡检查。一般来说，旋翼机对于重心的位置要求更严格。

7.1　术语和定义

最大起飞重量（Maximum takeoff weight）：是指开始起飞滑跑时所允许的最大重量，简称 MTOW。航空器的三个设计重量限制之一，另外两个为最大着陆重量和最大零燃油重量。该重量信息在 TCDS 文件中列出。

最大着陆重量（Maximum landing weight）：是指着陆接地时所允许的最大重量。航空器的三个设计重量限制之一。该重量信息在 TCDS 文件中列出。

标准空机重量（Standard empty weight）：是标准飞机的重量，包括不可用的燃油、所有工作液体（润滑油、液压油）。

基本空重（Basic empty weight）：标准空机重量加上选装设备的重量。

最大有效载重（Maximum useful load）：最大停机坪重量与基本空重之差。除非另外指定，这个重量包括飞行员、机组（如果有）、满滑油量、满燃油量、满载乘客和行李。

最大停机坪重量（Maximum ramp weight）：是地面机动操作所有允许的最大重量，包括发动机起动、滑行以及滑跑所用的燃油重量。它比最大起飞重量大，因为在飞机滑行和滑跑时要消耗燃油。

可忽略的重量变化（Negligible weight change）：是指空机重量小于 5 000 lb 的飞机上任何小于或等于 1 lb 的重量变化；或者空机重量大于 5 000 lb 小于 50 000 lb 的飞机上小于等于 2 lb 的重量变化；或者空机重量大于 50 000 lb 的飞机上任何小于等于 5 lb 的重量变化。可忽略的重心变化是指固定翼飞机上小于 0.05%平均气动弦（MAC）的变化，旋翼飞机为最大允许重心范围的 0.2%（1 lb=0.454 kg）。

基准面（Datum）：基准面是指飞机处于水平姿态时，进行水平测量所选取的假想垂直平面。该基准面在飞机技术规范或者 TCDS 中标示出。在某些老旧飞机上，当基准面没有给出时，可以选用任何方便的基准面。一旦这个基准面被选中了，所有的力臂和准许的重心范围都必须使用和参考它。

力臂（Arm）：是以英寸为单位的从基准面到重心的水平距离。如果在参考线之后，那么代数符号为正（+），如果在参考线之前，那么代数符号为负（-）。

重心（Center of gravity）：是指机头的重量与机尾的重量的力矩在这一点上可以达到精确相等。如果飞机在这一点上支撑起来，它不会有前倾或后倾的趋势。

空重重心（Empty weight center of gravity）：是指空机重量情况下的重心，是飞机重量与平衡记录中必不可少的数据。

空重重心范围（Empty weight center of gravity range）：确定空重重心范围是为了不超过标准技术规范中规定的空重重心极限。空重重心范围（若适用）列在飞机技术规范或者 TCDS 中。

操作重心范围（Operating center of gravity range）：是指前、后重心极限之间的距离，这在飞机技术规范或者 TCDS 中均有说明。这些极限值规定了飞机的最前和最后重心位置，这些限制会以平均气动弦（MAC）或者与基准面的距离值列在技术规范中。

7.2 飞机称重程序

7.2.1 称重前准备

（1）在飞机称重之前，去除飞机上多余的灰尘、油脂等，以及飞机上的积雪、冰或水，如座舱内座椅被浸水，还应先烘干。

（2）飞机称重必须在一个封闭的机库中完成，以减少气流对称重数据的影响。

（3）将飞机襟翼收上，将飞机飞行操纵系统设置在“中立”位。

（4）称重时，必须将空机重量报告里规定的全部飞机设备都包含进来，设备是飞机重量与平衡报告的一部分。确认飞机上无多余的其他设备。

（5）称重仪器在称重前应是经校验合格的。按称重仪器厂家的使用说明，将称重仪器归零。如有必要，应将仪器放平，放置在飞机合适的支撑下。支撑的方式如下：陆地飞机通常放置在机轮下；水上飞机放置在浮筒下；雪橇型飞机放置在雪橇板下；其他可能的飞机结构支撑顶升点可放置在规定的支持顶点下。重量与平衡报告中清楚地标明了这些点和替代使用设备。

（6）放泄燃油直到油量指示为零。如在 TCDS 或者飞机技术规范中有相关说明，可执行在飞机处于水平飞行姿态时，将油箱里的油放干净。燃油箱中残留的油量，管路中的油量，以及发动机中残留的油量都应该包含在空机重量里。在特殊情况下，如果有确定燃油准确重量的方法，可在油箱满油的情况下对飞机进行称重。

（7）向滑油系统添加 TCDS 或技术规范里注明的滑油量。液压油也应加注至手册规定的位置。

注意：在美国民用航空规章（CAR-3）认证的飞机上，是减去了滑油重量来得到空机重量。在 CFR-14 里第 23 部，滑油的重量是包含在空机重量里的。对于美国进口的老旧飞机，要特别注意。

（8）读取称重仪器的读数时，不要设置刹车。

（9）注意查阅飞机履历，大修和改装是飞机重量和重心变化的主要原因。

7.2.2 飞机称重

（1）轮胎充气到推荐的操作压力。

（2）将称重设备置于每个机轮下（秤的最低称重能力大于手册规定）。

（3）使前轮放气和/或降低或抬高前轮支柱，使水平尺上的气泡位于中间。水平尺放置的位置可查阅飞机维护手册第 8 章。

（4）读数。飞机称重时，要注意轮挡、千斤顶等影响飞机总重量的物体。

7.3 重量与平衡计算

7.3.1 常见的重量与平衡计算方法

4 种不同类型的起落架形式的重心计算如图 7.1 所示。

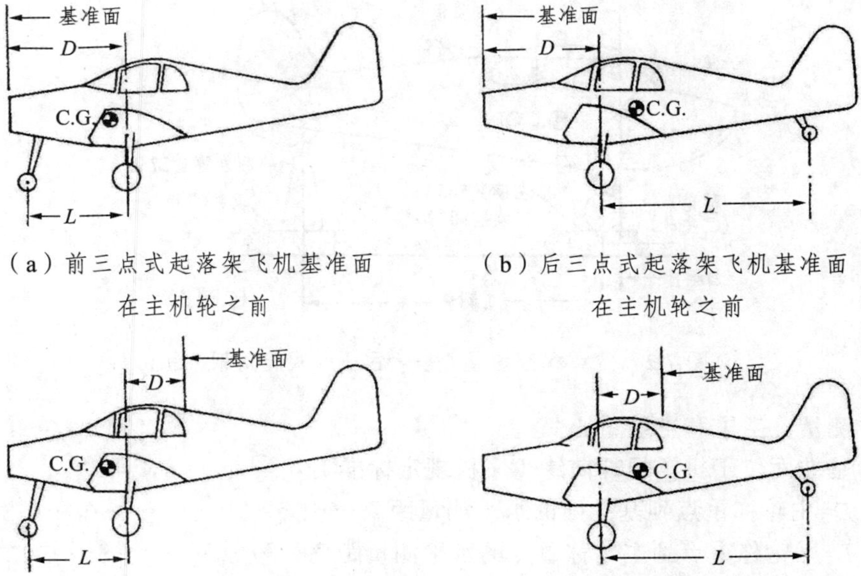

（a）前三点式起落架飞机基准面在主机轮之前

（b）后三点式起落架飞机基准面在主机轮之前

（c）前三点式起落架飞机基准面在主机轮之后

（d）后三点式起落架飞机基准面在主机轮之后

图 7.1　空重重心计算

（1）前三点式起落架飞机基准面在主机轮之前。

$$\text{C.G.} = D - \left(\frac{F \times L}{W}\right) \tag{7.1}$$

（2）后三点式起落架飞机基准面在主机轮之前。

$$\text{C.G.} = D + \left(\frac{R \times L}{W}\right) \tag{7.2}$$

（3）前三点式起落架飞机基准面在主机轮之后。

$$\text{C.G.} = -\left(D + \frac{F \times L}{W}\right) \tag{7.3}$$

（4）后三点式起落架飞机基准面在主机轮之后。

$$\text{C.G.} = -\left(D + \frac{R \times L}{W}\right) \tag{7.4}$$

【例 7.1】如图 7.2 所示的后三点式起落架飞机，试计算其空重重心位置。

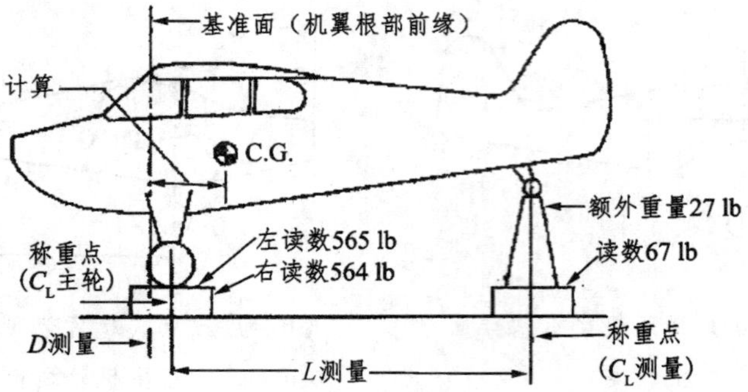

图 7.2　空重和空重重心——后三点式起落架飞机

测量：空重和空重重心。

基准面位于机翼根部前缘（飞机规定标准）：

D=主轮称重点到基准面的水平测量距离……………………………3″

L=尾轮称重点到主轮称重点的水平测量距离………………………222″

计算：空重见表 7.1。

表 7.1　后三点式起落架飞机空重计算

称重点	读数	额外重量	净重
右	564	0	564
左	565	0	565
尾部（R）	67	27	40
空重（W）			1 169

空重重心采用式（7.2）计算。

$$\text{C.G.}=D+\frac{R\times L}{W}=3''+\frac{40\times 222}{1169}=3''+7.6''=10.6''$$

【**例 7.2**】如图 7.3 所示的前三点式起落架飞机，试计算其空重重心位置。

测量：空重和空重重心。

基准面位于机翼根部前缘（飞机规定标准）：

D=主轮称重点到基准面的水平测量距离…………………………34.0″

L=前轮称重点到主轮称重点的水平测量距离……………………67.8″

计算：空重见表 7.2。

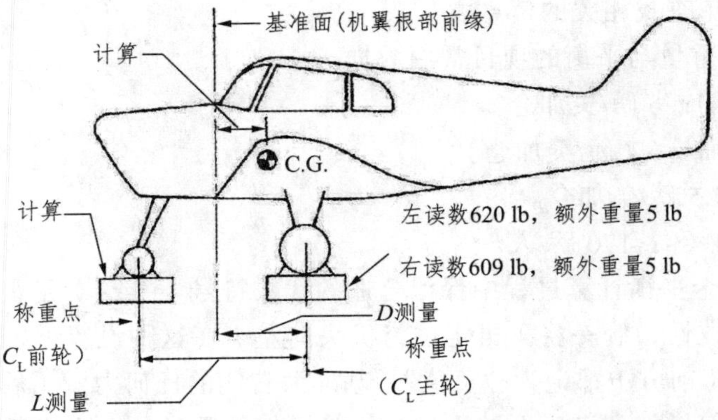

图 7.3　空重和空重重心——前三点式起落架飞机

表 7.2　前三点式起落架飞机空重计算

称重点	读数	额外重量	净重
右	609	5	604
左	620	5	615
前部（F）	464	10	454
空重（W）			1 673

空重重心采用式（7.1）计算。

$$\text{C.G.}=D-\frac{F\times L}{W}=34''-\frac{454\times 67.8}{1\,673}=34''-18.4''=15.6''$$

7.3.2　常用的计算数据和公式

（1）TCDS 或者飞机的技术规范中包含了以下信息：

① 重心范围（C.G.Range）。

② 可用的空机重心范围（Empty Wt C.G.Range）。

③ 水平测量（Leveling）。

④ 基准面（Datum）。

⑤ 最大重量（Maximum Weight）。

⑥ 座位数和力臂（No.of Seats）。

⑦ 最大行李重量和力臂（Maximum Baggage）。

⑧ 燃油的容量和力臂（Fuel Capacity）。

⑨ 滑油的容量和力臂（Oil Capacity）。

⑩ 设备与力臂（Equipment）。

（2）TCDS 没有列出适用的型号合格证里规定的基本必需设备，要参见厂家的设备清单查找相关的信息。

① 影响重量与平衡的项目常用数据。

航空汽油：6 磅/美加仑。

航空煤油：6.7 磅/美加仑。

滑油：7.5 磅/美加仑。

机组和乘客：170 磅/人。

② 在整个平衡计算过程中保留合适的代数符号（+或-）是很重要的。为了计算的一致性，统一将飞机定位为机头向左。在这种设置下，基准面左侧的任何力臂（前方）都记为“负值”，基准面右侧的任何力臂（后方）都记为“正值”。任何增加到飞机上的重量，不管增加的重量是在飞机基准面的左侧还是右侧都记为“正值”，相反移除的重量则记为“负值”。重量与力臂相乘时，如果符号是相同的则相加，如果符号相反就相减。见下面的计算方法：

基准面前向增加的项目：

（+）重量×（-）力臂=（-）力矩。

基准面后向增加的项目：

（+）重量×（+）力臂=（+）力矩。

基准面前向减少的项目：

（-）重量×（-）力臂=（+）力矩。

基准面后向减少的项目：

（-）重量×（+）力臂=（-）力矩。

③ 飞机的总重量等于空机重量加上增加项目的重量减去移除项目的重量。

④ 飞机的总力矩等于空机重心力矩与各自项目总力矩的代数和。

7.4 重量与平衡的极限情况

重量与平衡极限条件代表了最大前向和后向的重心位置，在满载的条件下，飞机的重心也必须在极限范围内。

1. 前向重量与平衡检查

当需要执行前向重量与平衡检查的时候，确保既没有超出最大重量也没有超出 TCDS 和飞机技术规范中要求的前向重心极限。为了确保这个检查，下面的信息是必需的：

（1）重量、力臂、空机力矩。

（2）最大重量、力臂、有效载荷项目的力矩（前向重心极限的前面位置）。

（3）最小重量、力臂还有有效载荷项目的力矩（后向重心极限的后面位置）。必须使用相关数据的典型计算进行检查。

2. 后向重量和平衡检查

当需要执行后向重量与平衡检查的时候，确保既没有超出最大重量也没有超出 TCDS 和飞机技术规范中要求的后向重心极限。为了确保这个检查，下面的信息是必需的：

（1）重量、力臂还有空机力矩。

（2）最大重量、力臂，还有有效载荷项目的力矩（后向重心极限的后面位置）。

（3）最小的重量、力臂，有效载荷（位于前方的重心极限后）。

下面以向前重量与平衡检查为例进行计算。

【例 7.3】如图 7.4 所示的后三点式飞机，计算其平衡极限值。

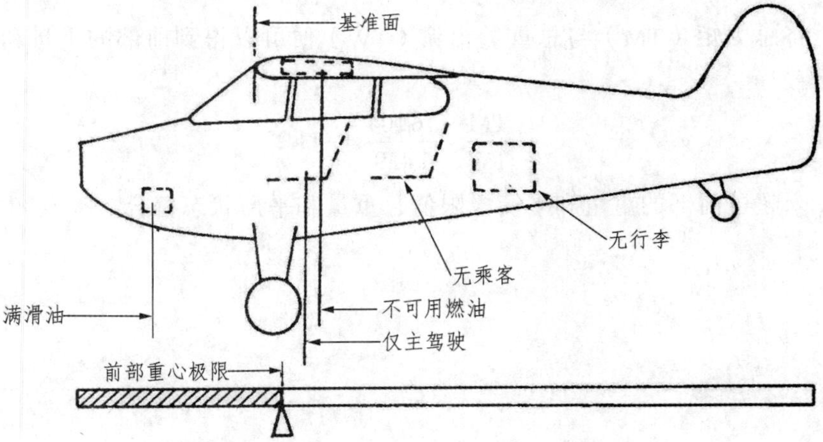

图 7.4　最大前部重量与极限平衡的检查

检查：最前端重量与平衡极限值。

已知数据见表 7.3。

表 7.3　前三点式飞机已知数据

飞机实际空重	1 169 lb
空重重心	+10.6″
最大重量*	2 100 lb
前重心限制*	+8.5″
滑油容积 9 夸脱*	17 lb 在−4.9″
飞行员座椅向前调至极限位（除非另有说明）*	170 lb 在+16″
不可用燃油必须包含在内*	83 lb 在+22″

注：标记为*数据从飞机的设计规范获得。

注意：如果任何物品或乘客位于前部重心限制之前，则必须包含这些物品或乘客。如果邮箱位于前部重心限制之前，则必须使用满油。

检查前部的重量见表 7.4。

表 7.4　前部重量检查

	重量/lb	力臂/in	力矩/（lb·in）
空机	+1 169	+10.6	+12 391
滑油	+17	−49	−833
飞行员	+170	+16	+2 720
燃油	+83	+22	+1 826
总计	+1 439（TW）		+16 104（TM）

将总力矩（TM）与总重量相除（TW）便可以得到前部的重量和平衡极限值

$$\frac{TM}{TW}=\frac{16\,104}{1\,439}=+11.2''$$

未超过前部的重量和平衡极限值，重量和平衡状态符合。

第 8 章
航空器清洁

为了保持飞机的飞行特性，飞机和螺旋桨的外表面必须保持清洁，尤其是机翼的前缘。为了保护漆面，每次飞行后应立即将残留物清洗掉。

禁止使用硅基蜡来抛光机身外表面，这样会造成静电累积。

禁止将飞机停放在有可能直接接触到甲醇、工业酒精、汽油、苯、二甲苯、甲基酮、丙酮、四氯化碳、挥发性漆稀释剂（如香蕉水）、商用或家用门窗清洗剂、褪漆剂或其他类似的化学溶剂液体或挥发气体的地方。

风挡玻璃上的防晒板不使用时应折叠收起，如果没有收起，防晒板反射的热量可能导致风挡玻璃的温度升高。如果防晒板镜片是安装在座舱里面的，应注意使反光镀银面朝外。

在完成清洁前，仔细阅读清洁剂生产厂家的说明、警告和告诫性文字。可选择一个小区域，先测试一下清洁剂溶液与飞机表面油漆的相容性。请勿使用家用洗涤剂清洁飞机外表面，否则会损坏外部喷涂层。

8.1 外部清洁

8.1.1 机身外表面

机身外表面应该经常进行清洗以尽量降低腐蚀的发生。对漆层粉化的地方应进行抛光并恢复其原有的光泽。机身外表面最好采用水加清洗剂清洁的方法清洗。

注意：特别注意机体表面的静压孔，请勿被蜡或其他物质堵塞。

机身外表面清洁的工具和设备见表 8.1。

为防止在清洗过程中造成损坏，在清洗飞机之前，先套上皮托管护套、盖住刹车盘和静压孔，然后冲洗掉表面的污垢和泥土，再用干净的淡水清洗飞机，接着用擦拭用的棉布擦干飞机，最后取下皮托管、刹车盘和静压孔上的遮盖物。

表 8.1　机身外表面清洁工具和设备

描述	件号或规格	供应商	目的
温和的肥皂水	—	任何来源	清洁飞机的外部和窗户
汽车蜡膏（不含硅）	—	任何来源	给飞机的外部和丙烯酸玻璃打蜡
棉布（干净、白色、无绒）	—	任何来源	一般清洁
硅胶刮刀	—	任何来源	除去机体表面的水

注意：确认皮托管和静压孔口中没有障碍物。

长时间暴露在阳光和大气污染物下，飞机外部油漆会老化。尽可能将飞机存放在机库里或使用遮盖物进行遮盖，避免飞机受露水和雨水的侵蚀（雨水可能包含酸性污染物）。

注意：如果由于暴露于酸性污染物导致油漆开始变色，请立即让专业人员清除污染物，以免损坏基础涂料。

不建议使用高压水枪冲洗飞机，高压水枪虽然可以很好地清洁飞机外表面，但由于飞机机体上很多位置是不密封的，压力水和混合的清洗剂可能进入飞机内部，造成飞机内部腐蚀。

如果需要，对聚丙烯表面进行打蜡处理。

表 8.2 列出了一些可以保护机身表面不受化学溶剂侵袭的产品。

表 8.2　常用的外表面防护涂层

名称	件号	生产厂家	用途
Spray	MIL-C-6799, Type 1, Class Ⅱ	可本地购买	保护表面不受化学溶剂侵袭
Masking Paper	WPL-3	Champion Intl. Corp. Forest Product Division 7785 Bay Meadows Way Jacksonville, FL 32256	保护表面不受化学溶剂侵袭
Poly-Spotstick	SXN	Champion Intl. Corp.	保护表面不受化学溶剂侵袭
Protex 40		Mask Off Company 345 Marie Avenue Monrovia , CA	保护表面不受化学溶剂侵袭

8.1.2　风挡和门窗玻璃清洁

禁止使用汽油、酒精、苯、丙酮、四氯化碳、灭火瓶液体、除冰液、香蕉水等化学液体来清洁风挡和门窗，这些化学液体可能使塑料软化和开裂。但可以采用相同标准或等效的清洁剂来进行替代。如果清洁处理方法不正确，将导致风挡和门窗受损。表 8.3 列出了批准使用的风挡和门窗玻璃清洁/抛光剂。

表 8.3　批准使用的风挡和门窗玻璃清洁/抛光剂

名称	件号	生产厂家	用途
中性肥皂或洗涤剂（不含研磨剂）		可本地购买	清洁风挡或门窗
石脑油 Type Ⅱ	Federal Specification TT-N-95	可本地购买	清洁中性肥皂或洗涤剂不能去除的污物
海龟蜡（糊状）		可本地购买	风挡或门窗打蜡
Permatex Plastic Cleaner No. 403D	Federal Specification P-P-560	Permatex Company, Inc. Kansas City , KS 66115	风挡或门窗打蜡
软质抹布（或绒布）		可本地购买	除蜡和抛光

1. 风挡清洁程序

（1）将飞机停放在机库或阴暗处以避免太阳光的直接照射。

（2）用清水（最好是流动的）首先冲洗表面。用光手（注意不要戴任何首饰）来感觉和去除脏物或磨损物。

（3）使用中性肥皂或清洁剂（如餐具洗涤剂）的水溶液来擦洗表面。这时不要再用光手，可使用干净的抹布，注意擦洗过程中不要刮伤表面。

（4）对风挡和门窗的聚丙烯表面，如果仅使用中性清洗剂不能彻底清除污物，可以使用 TYPE Ⅱ型石脑油。注意反复清洗抹布以避免污物聚积和刮伤风挡表面。

（5）用清水再次冲洗表面，最好用抹布擦干。

2. 风挡、门窗的打蜡和抛光

风挡和门窗在打蜡前必须首先进行清洁，在打蜡和抛光时应使用干净的软质抹布，禁止在聚丙烯表面使用防雨液。

（1）参照表 8.3 选取适当的抛光材料。

（2）使用手工抛光蜡（或者其他符合联邦技术标准 P-P-560 的抛光剂）对聚丙烯材料表面进行抛光处理。抛光蜡具有同聚丙烯材料一样的透明性，可以掩盖风挡表面上的刮伤，使风挡表面光亮如新。

8.1.3　铝合金表面

尽管铝合金表面基本无须维护，但也不能忽视。机身上的污物可以用清水来冲洗，对于滑油和油脂，可以使用无碱溶剂来清洗。家用的洗衣粉和肥皂是有效的清洁剂，但使用时也应小心，因为它们含有强碱。可以从专业生产航空产品的供应商处选购品质较高的清洁剂、抛光剂和蜡。

8.1.4 外部喷漆表面

通常外部喷漆表面使用水和中性肥皂来清洗就可以保持光亮。粗制滥造或含有研磨剂的肥皂和洗涤剂将造成表面腐蚀和刮伤，应禁止使用。对难以清除的滑油或油脂用蘸有干洗溶剂油的抹布来清洗。

注意：禁止将清洗溶剂涂抹到机身外部的各类图案标志上。

对喷漆表面的微小缺陷或刮伤应进行封蜡处理，可以使用质量较好的汽车用抛光蜡进行打蜡，这样可以良好防腐。如果飞机是在海边或盐分较重的环境下使用，则必须经常清洗和打蜡。打蜡时，对铆钉头和搭接处应尤为注意，因为这些地方最易发生腐蚀。机翼、尾翼、前起落架整流罩、螺旋桨整流罩等处的迎风面蜡层应打厚一些，这样可以减少这些部位的磨损。在使用肥皂水清洁或使用过防冰液之类的化学用剂后，必须再次进行打蜡处理。

8.1.5 发动机和发动机部件的清洗

1. 注意事项

（1）每 100 h 检查中完成发动机及其附件的清洗，以除去滑油、油脂、盐分或其他污物。发动机的定期清洁是预防性维护的有效措施。

（2）在使用清洁剂对发动机进行清洁时，注意在某些部位加盖防护设施（如橡皮套、盖板、面罩等）。应使用低毒的清洁剂。

（3）清洁工作区应保证良好的通风。

（4）灭火瓶等安全设备应在位。

警告：在清洁工作区 100 ft 范围内禁止抽烟和有明火存在。

（5）使用压缩空气吹干发动机及附件时，注意压力不能过大。

（6）如果油脂或污垢难以清除，可使用质地较硬的毛刷（但不能使用钢刷）进行刷洗。

2. 清洁程序

（1）拆下发动机整流罩。

（2）注意盖住真空泵和发动机传动轴之间的连接区域，确保清洁剂不能进入。

（3）盖住真空泵通气管的开口端。

（4）如果发动机沾染了盐和其他腐蚀性化学物质，首先用清洗冲洗发动机及部件。

注意:（1）禁止使用汽油或其他易燃性物质清洗。

（2）清洗之前应确定发动机温度已冷却下来；禁止对刚停车或正在运转的发动机进行清洗。

（3）在清洗起动机、磁电机、发电机或真空泵等部位时应特别小心，注意不要使清洗剂或水进入这些部件的开口。

（5）使用下面提供的一些专门的清洗剂或洗涤溶剂来清洗发动机部件：

① Stoddard Solvent——干洗溶剂油（满足技术标准 P-D-680,TYPE Ⅱ）。

② 含水碱性清洁剂（满足技术标准 MIL-C-25769：1 份清洁剂，2～3 份水，8～12 份干洗溶剂油的混合液）。

③ 溶剂型乳剂（满足技术标准 MIL-C-4361：1 份清洁剂，3 份干洗溶剂油的混合液）。

（6）溶剂清洗后，仔细用干净的温水进行冲洗。

注意：不能使清洁剂进入发动机部件，这样可能造成部件内密封圈、硅树脂防火衬垫等的损伤，从而引起不必要的腐蚀。

（7）使用清洁干燥的压缩空气吹干发动机及其附件。

（8）拆下连接区的保护盖，见步骤（2）。

（9）拆下真空泵通气管处的保护盖，见步骤（3）。

（10）视情用同样的清洗剂清洗发动机整流罩，冲洗干净后擦干。整台发动机清洗完成后，对操作系统拉杆、控制臂、活动部件等进行重新润滑。

（11）装好发动机整流罩。

警告：扳动螺旋桨前应确定磁电机开关关闭、油门在关位、混合比手柄在慢车关断位、整个机身停放可靠。螺旋桨旋转时，禁止人员站在桨叶旋转区内。

（12）进行试车前，用手搬桨不少于 4 圈。

8.1.6 螺旋桨

应该经常使用浸有滑油的抹布擦拭螺旋桨，这将有助于螺旋桨的防腐。

8.2 内部清洁

8.2.1 内部清洁材料

内部清洁材料见表 8.4，可以采用相同标准或等效的材料来替代。

表 8.4 内部清洁材料

名称	件号	用途
Son of A Gun		对机身内部部件提供保护（不包括织物材料）
Fantastic		通用型清洁剂，建议用来清洁乙烯基材料
Aliphatic Naphtha	TT-N-95	用于去除油渍、沥青等物质
Rug Shampoo		清洁地毯
Perchloroethylene Cleaning Solvent		清洁地毯和座椅
Stoddard Solvent		清洁尼龙材料的安全带
Ivory Liquid (White or colorless)		清洁座椅套布
Cheer		清洁座椅套布
Mr. Clean		建议用来清洁乙烯基材料

8.2.2 清洁内部装饰面板

内部装饰面板由乙烯基材料制造而成。可以使用中性洗涤溶液或市场购买的清洗剂来清洗面板，对于不容易清洁的污点，还可以使用石脑油来清洗。确定使用的清洗剂对内部面板不会造成损伤，如果使用前不能确定，最好先蘸取少量清洗剂来进行试验。

8.2.3 清洁座舱内地板

（1）地板通常是由聚丙烯材料编织而成，背面具有防火性。聚丙烯材料抗污能力较强，通常情况下不需要进行维护。

（2）如果地板变脏，可以市场购买相应的清洗剂来进行清洗。

8.2.4 清洁座椅

（1）机座椅通常为普通织物制成，一些飞机的座椅内含有一种聚酯纤维具备一定的防火性和抗污性。对座椅的清洁必须经常进行，同时必须在污染物浸透座椅纤维织物之前尽快清除。

（2）表 8.5（清洁座椅聚酯纤维织物上的污点）和表 8.6（清洁乙烯基材料座舱面板上的污点）提供了污点清除的程序。

表格分为两列，一列为污物形式或名称，另一列为对应的清洁程序。例如，咖啡/茶形成的污点需要 2、4、5 和 1 步清洁。第 1 步即对应编号为的 2

方法（使用温水加餐具洗涤剂清洁污点）；第 2 步即对应编号为的 4 方法（使用醋和水的溶液清洗）；第 3 步即对应编号为的 5 方法（使用洗衣粉和温水清洗）；最后一步即对应编号为的 1 方法（使用干洗剂清洁）。

表 8.5 清洁座椅聚酯纤维织物上的污点

污点	清洁顺序	污点	清洁顺序
Antacid (Maalox)（抗酸剂）	1	Infant Formula	2、1
Betadine (Iodine)（碘酒）	2、3、4、6	Ink (ball point)（墨水）	8
Blood（血迹）	2、3、5	Motor Oil（机油）	1、2、3、4
Catsup（番茄酱）	2、3、5	Mud（泥土）	2、1
Chewing Gum（口香糖）	7、1、2	Petroleum Jelly（石油冻）	1、2
Chocolate Syrup（巧克力）	5、1	Pepto Bismol	6、1
Coffee/Tea（咖啡/茶）	2、4、5、1	Urine（尿）	2、3、4
Cola（可乐）	2、3、4	Suntan Lotion（皮衣油）	1、2
Cough Syrup（咳嗽糖浆）	2	Shoe Polish（鞋油）	1、2、3
Egg（蛋）	2、3、5、1	Vomit（呕吐物）	2、3、4、5
Grape Drink（葡萄酒）	2、3、4、5	Wax（蜡）	7、1
Ice Cream（冰激凌）	2、3、4、5、1		

清洁方法：

① 使用少量干洗剂清洁污点。禁止抽烟和使用开放性火源，保证充分的空气流通。

② 将一茶匙白色或无色的餐具洗涤剂与一杯温水混合，用此混合液来清洁污点。

③ 将一大汤匙家用氨水和半杯水进行混合，用此混合液来清洁污点。

④ 将食醋和水按 1∶2 的比例混合，用此混合液来清洁污点。

⑤ 将干洗剂稀释后按说明置于污点部位。最后用温水冲洗并擦干。

⑥ 将漂白粉和水按 1∶9 的比例混合，用滴管滴于污点处，最后用水冲洗并擦干。

⑦ 使用装有冰块的塑料袋来对污点区进行降温，然后清除该区域的口香糖和蜡。

⑧ 使用少量酒精滴与墨水形成的污点处，持续使用酒精直至墨汁完全清除干净。

注意：在清洁污点时，以上所有的溶液都必须冷却后才能使用，热溶液可能使污点难以去除。

表 8.6 清洁乙烯基材料座舱面板上的污点

污点	清洁顺序	污点	清洁顺序
Blood（血迹）	4	Mud（污泥）	3、6
Candy, Ice Cream（糖果、冰激凌）	14、6	Mustard（芥末）	3、12、8、6
Chewing Gum（口香糖）	11、6	Paint, Latex（乳胶漆）	9、6
Crayon（粉笔、蜡笔）	3、12、8、6	Paint, Oil base（石油基漆）	2、3
Fruit Stains（水果斑）	14、6	Shoe Polish（鞋油）	13、6
Ink(ballpoint)（墨水、圆珠笔油）	1	Soft Drinks（软饮料）	14、6
Ketchup（番茄酱）	3、12、8、6	Surface Mildew（霉菌）	8、6
Lipstick, Eyeshadow（唇膏、眼影）	13、6	Tar, Asphalt（焦油、沥青）	10、3
Liquor, Wine（酒水）	14、6	Urine（尿）	7、6
Motor Oil, Grease（机油、油脂）	13、6	Vomit（呕吐物）	5、6

清洁方法：

① 使用少量酒精滴与墨水形成的污点处，持续使用酒精直至墨汁完全清除干净。

② 在通风良好的情况下可以使用松节油来清除刚涂上的新鲜油漆。对于已完全干燥硬化的漆，必须用半干的凝胶质 stripper（褪漆剂）仔细润湿漆层，待漆完全软化后轻轻刮除。

告诫：褪漆剂与面板直接接触将使面板上的印刷文字或图案消失。褪漆剂腐蚀性极强，应尽量避免眼镜和皮肤的接触，使用中尽可能戴手套和眼镜来防护。

③ 用中性肥皂水溶液冲洗。

④ 用蘸肥皂水的抹布擦洗；如果污点仍然存在，使用蘸氨水的抹布继续擦洗。

⑤ 用蘸有漂白粉和肥皂水的海绵清洁污点。

⑥ 小心使用干净的冷水冲洗。

⑦ 用蘸有氨水和肥皂水的海绵清洁污点。

⑧ 使用漂白粉溶液清洗，对较难清除的污点用软毛刷轻轻刷除。

⑨ 新涂的油漆用湿布擦除。用热的肥皂水清洗已硬化的乳胶漆。

⑩ 立即清除，时间一长将很难清除。用蘸有矿物酒精或汽油的抹布轻轻擦洗污点。擦洗时应从外向内运动以防止污点扩散。

⑪ 用不锋利的小刀刮除。使用冰块降温可以使口香糖的清除变得容易，小刀不能刮除的口香糖可以在通风良好的情况下使用蘸有矿物酒精的抹布轻

轻擦除。

⑫ 用中性清洁剂的水溶液冲洗。

⑬ 用蘸有少量矿物酒精的抹布轻轻擦除。注意擦除时不要使污点扩散。尽可能将鞋油完全清除干净，因为鞋油色染后将很难清除。

⑭ 使用干净的温水冲洗，视情可再次冲洗。用不锋利的小刀刮除任何松动的材料，冲洗干燥后在使用蘸有酒精的抹布轻轻擦除残存的污点。

注意：在清洁污点时，以上所有的溶液都必须冷却后才能使用。热溶液可能使污点难以去除。

8.2.5 清洁 Garmin GDU 1040 显示屏

飞机上安装的基本飞行显示（PFD）和多功能显示（MFD）都与 Garmin G1000 一样采用的是 GDU 1040 显示镜片。尽可能不要用手触摸镜片。GDU 1040 显示镜片有一层抗反射材料，该材料对皮肤油脂、蜡和含研磨剂的清洁剂特别敏感。使用清洁、柔软的擦布和专用的眼镜镜片清洁剂（确认清洁剂对抗反射材料无损伤）来清洁显示镜片。

告诫：禁止使用含有氨水的清洁剂。氨水也将对抗反射材料造成损伤。

第 9 章
其　他

9.1　ASTM 及 ASTM 标准

美国材料与试验协会（American Society for Testing Materials，ASTM），其前身是国际材料试验协会（International Association for Testing Materials，IATM）。19 世纪 80 年代，为解决采购商与供货商在购销工业材料过程中产生的意见和分歧，有人提出建立技术委员会制度，由技术委员会组织各方面的代表参加技术座谈会，讨论解决有关材料规范、试验程序等方面的争议问题。IATM 首次会议于 1882 年在欧洲召开，会上组成了工作委员会。

ASTM Standardization 是由 ASTM 制定的标准，分以下 6 种类型。

（1）标准试验方法（Standard Test Method），它是为鉴定、检测和评估材料、产品、系统或服务的质量、特性及参数等指标而采用的规定程序。

（2）标准规范（Standard Specification），它对材料、产品、系统或项目提出技术要求并给出具体说明，同时还提出了满足技术要求而应采用的程序。

（3）标准惯例（Standard Practice），它对一种或多种特定的操作或功能给予说明，但不产生测试结果的程序。

（4）标准术语（Standard Terminology），它对名词进行描述或定义，符号、缩略语、首字缩写进行说明。

（5）标准指南（Standard Guide），它对某一系列进行选择或对用法进行说明，但不介绍具体实施方法。

（6）标准分类（Classification fication），它根据其来源、组成、性能或用途，对材料、产品、系统，或特定服务进行区分和归类，共分为 15 类：

第一类钢铁产品；第二类有色金属制品；第三类金属材料试验方法及分析程序；第四类建设材料；第五类石油产品、润滑剂及矿物燃料；第六类油漆、相关涂料和芳香族化合物；第七类纺织品及材料；第八类塑料；第九类橡胶；第十类电气绝缘体和电子产品；第十一类水和环境技术；第十二类核能、太阳能和地热能；第十三类医疗设备和服务；第十四类仪器仪表及一般试验方法；第十五类通用工业产品、特殊化学制品和消耗材料。

9.2 SAE 及航空润滑油黏度等级与适用温度

SAE 润滑油等级由美国汽车工程师协会（Society of Automotive Engineers，SAE）制定的用以表示润滑油性能的标准，除汽车制造业外，还广泛用于飞机、航空系统、农用拖拉机、运土机械、筑路机械以及其他制造工业用的内燃机等。1911 年，美国汽车工程师协会发布了其标准（SAE J300）的第一版，用于标定润滑油黏度。最初其规定了 5 种不同的润滑油编号等级（10、20、30、40 和 50），用基于 212 °F（100 °C）下测得的流速来确定，见表 9.1。

表 9.1　SAE J300 润滑油等级

等级	黏度（100 °C）
10	≤14
20	15 ~ 24
30	25 ~ 34
40	35 ~ 44
50	≥45

由于使用时间测定的局限性，第一版规范很快被更新为使用标准的科学黏度单位进行标定。到 1926 年，已有 6 个等级的润滑油（SAE 10 至 SAE 60）由 130 °F（55 °C）和 212 °F（100 °C）两个温度下的黏度确定。1952 年，最初的等级名称又增加了一组冬季等级（10W、15W、20W、25W、30W，W 是 Winter 的首字母）。这些等级的润滑油，用 0 °F 下的黏度进行标定。这一改变是为了解决寒冷天气下的机油性能问题。

对于多级油，如 SAE 20W-50、SAE15W-50，其前面的数字越小说明机油的低温流动性越好，代表可供使用的环境温度越低，在冷启动时对发动机的保护能力越好，具体为 0 °C 的运动黏度。“W”后面（一横后面）的数字则是机油高温条件下的黏度表现，数字越大，高温时黏度越大，具体为 100 °C 的运动黏度，见表 9.2。

表 9.2　SAE 黏度等级定义

SAE 黏度级	在 0 °C 的运动黏度	在 100 °C 的运动黏度
SAE 20W-50	滑油黏度表现像 SAE20 的油	滑油黏度表现像 SAE50 的油
SAE 15W-50	滑油黏度表现像 SAE15 的油	滑油黏度表现像 SAE50 的油

通用航空器厂商通常会在其飞机飞行手册或发动机维护资料中提供润滑

油推荐，但由于SAE润滑油等级仅对润滑油性能进行了标定，是在特定试验环境下确定的，而发动机的使用通常处于温度、湿度、空气中尘土含量不断变化的环境中。因此发动机适用的润滑油选择，需依据发动机厂商的推荐并结合发动机使用人经验来确定。Lycoming 和 Continental 发动机润滑油推荐见表 9.3 和表 9.4。

表 9.3　Lycoming 发动机润滑油推荐

环境地面温度/°F（°C）	SAE J1966/MIL-L-6082	SAE J1899/MIL-L22851
所有温度	—	SAE15W50 或 SAE20W50
超过 80（26.7）	SAE60	SAE60
超过 60（15.6）	SAE50	SAE40 或 SAE50
30°F（−1.1 °C）至 90°F（32.2 °C）	SAE40	SAE40
0°F（−17.8 °C）至 70°F（21.1 °C）	SAE30	SAE30，SAE40 或 SAE20W40
0°F（−17.8 °C）至 90°F（32.2 °C）	SAE20W50	SAE20W50 或 SAE15W50
10°F（−12.2 °C）以下	SAE20	SAE30 或 SAE20W30

注：详见 Lycoming SI1014。

表 9.4　Continental 航汽发动机润滑油推荐

环境地面温度/°F	润滑油
超过 40	SAE 50 或多级油
低于 40	SAE30 或多级油

9.3　ATA 及 ATA 规范

美国航空运输协会（Air Transport Association of America，ATA），现更名为 Airlines for America（A4A），它是研究美国国内航线营运中各种问题的一个商业协会，是美国民用航空公司间的协商机构。它于 1936 年 4 月在芝加哥，由 14 家美国航空公司发起成立。该协会成员包括美国航空公司（American Airlines）、达美航空公司（Delta AirLines）、美国联合航空公司（United Air Lines，美联航）、西南航空公司（Southwest Airlines）和美国合众国航空公司（US Airways）等。加拿大航空公司也是该协会的成员。

该组织自成立以来，在美国政府关于航空的决策方面发挥了重要作用，包括创立空中交通管制系统、航空放松管制以及美国“9·11”袭击的善后处理。

该协会的宗旨是：培养一个能推动美国国家经济和全球竞争力的商业环境；帮助航空工业提供世界上最安全的运输；向航空公司提供技术帮助和运

营知识以增进安全、服务和效率；提倡公平的税收和法律环境，培养健康发展和良性竞争的航空工业；调动有利因素，发展经济合理、技术可行的工业行为。

美国航空运输协会一个很重要的贡献是根据航空业的不断发展，为航空公司及航空器生产厂家适时地制定飞行、维修和生产技术方面的标准和规范，不断提升航空公司和航空器制造业的服务水平、技术水平、运行效率和经济效益。

ATA 规范是美国航空运输协会为使制造业采用共同的系统与程序以达到降低成本的目的而编制的规范。ATA 规范扮演的角色是促进这样程序带给制造业者一致共同支持与执行。ATA 规范适用于商用航空工业以符合其严格的飞行安全及可靠性需求并且持续推动，以利任何时间有新科技的引进。

美国航空运输协会发布了许多航空相关的规范，主要包括电子商务、航空运营、航空安全及其他等 4 个方面，得到了 FAA 的支持。现有的 ATA 2200 是关于维修标准的规范；ATA100 是关于厂商技术出版物标准；ATA101 是关于地面辅助设备维护和勤务标准；ATA103 是关于航油质量控制标准；ATA104 关于民航维修培训指南；ATA105 关于无损探伤的人员训练和认证指南；ATA106 关于合格零件来源、认证指南；具体见表 9.5。

表 9.5　ATA 规范

编号	名称
ATA Spec 100	Manufacturers Technical Data 航空产品技术资料编写规范
ATA Spec 101	Ground Equipment Technical Data 地面设备技术数据
ATA Spec 103	Standard for Jet Fuel Quality Control at Airports 机场航油质量控制标准
ATA Spec 104	Guidelines for Aircraft Maintenance Training 飞机维修培训指南
ATA Spec 105	Guidelines for Training and Qualifying Personnel in Non-Destructive Testing Methods 无损探伤的人员训练和认证指南
ATA Spec 106	Sources and Approved Parts Qualification Guidelines 零部件溯源和获批准零部件证书指南
ATA Spec 108	Required Inspection Items (RII) Best Practices 必检项目最佳实践
ATA Spec 116	Integration of Aviation Maintenance Technician Fatigue into Safety Management Systems 航空维修技师疲劳管理与安全管理体系（SMS）融合

续表

编号	名称
ATA Spec 119	Continuous Monitoring of Maintenance Instructions 维修说明的持续监控
ATA Spec 120	Removable Structural Components Industry Guidelines 可拆换结构件工业指南
ATA Spec 123	Procedures for the Accounting of Jet Fuel Inventory 存量航空燃油的核算程序
ATA Spec 124	Standard Reporting Format for Airline Fuel Consortia 航空公司燃油联盟的标准报告格式
ATA Spec 126	Recommended Practices for Addressing Cabin Air Quality Events 解决客舱空气质量事件的推荐方法
ATA Spec 300	Specification for Packaging of Airline Supplies 航空用品包装规范
ATA Spec 2000	E-Business Specification for Materials Management 物料管理电子商务规范
ATA iSpec 2200	Information Standards for Aviation Maintenance 航空维修信息标准
ATA Spec 2300	Data Exchange Standard For Flight Operations 飞行运行数据交换标准
ATA Spec 2400	Allowable Configuration Data Exchange Standard 允许构型数据交换标准
ATA Spec 2500	Aircraft Transfer Records 航空器转移记录
ATA MSG-3	Operator/Manufacturer Scheduled Maintenance Development 运营人/制造商计划维修（项目）开发

9.4 GAMA 及 GAMA 规范

美国通用航空制造商协会(General Aviation Manufacturers Association，GAMA)，成立于 1970 年，其总部设在美国华盛顿特区，在比利时布鲁塞尔设有办公室。协会的宗旨是“培育和推进通用航空经济、安全、权益及活动”。GAMA 会员包含超过 80 家世界领先的通用航空器、发动机、航电设备制造商和相关服务商。

首部 GAMA 规范《飞行员操作手册规范》于 1977 年 2 月出版并得到美国联邦航空局的认可。其后，GAMA《厂家维修数据规范》于 1978 年初发布。现有的 GAMA 规范见表 9.6。

表 9.6　GAMA 规范

编号	名称
GAMA Specification 1	Specification for Pilot's Operating Handbook 飞行操作手册规范
GAMA Specification 2	Specification for Manufacturers Maintenance Data 制造商维修资料规范
GAMA Specification 3	Specification for Decal to Minimize the Misfueling of General Aviation Aircraft 最低化通用航空器误加燃油标识规范
GAMA Specification 5	Transition Training Master Syllabus 过渡训练主课程大纲
GAMA Specification 7	Specification for Continuing Airworthiness Program (CAP) 持续适航方案（CAP）规范
GAMA Specification 9	Electronic Publications Standard 电子出版物标准
GAMA Publication 10	Recommended Practices and Guidelines for Part 23 Cockpit/Flight Deck Design　23 部驾驶舱设计推荐方法和指南
GAMA Publication 11	ARINC 429 General Aviation Subset　ARINC429 总线通用航空分册
GAMA Publication 12	Recommended Practices and Guidelines for an Integrated Cockpit/Flight deck in a Part 23 Airplane　23 部飞机集成驾驶舱推荐方法和指南
GAMA Publication 13	Acceptable Practices Document, Cabin Interior Monument Structural Substantiation Method 可接受实践资料，客舱内部立体空间结构实证方法
GAMA Publication 15	Symbolic Messages 符号信息
GAMA Publication 16	Hybrid and Electric Propulsion Performance Measurement 混合动力和电力推进性能测试
GAMA Publication 17	Recommended Practices and Guidelines for Conducting Evaluation Flights In the United States 在美国进行飞行评估的推荐方法和指南
GAMA Publication 18	Aircraft in Maintenance Placard 航空器处于维修中的警示标牌
GAMA Publication 19	The Basics of Manufacturer Support for Aircraft Accident and Incident Investigations 制造商支持航空器事故和事故征候调查基础

9.5 GHS 及化学品危险信息识别

全球化学品统一分类和标签制度(Globally Harmonized System of Classification and Labelling of Chemicals，GHS)，又称“紫皮书”，由联合国“危险货物运输和全球统一分类制度专家委员会”主持完成，国际劳工组织、经济合作与发展组织参与技术协调，用于指导各国建立统一化学品分类和标签制度的规范性文件，因此也常被称为联合国 GHS。联合国 GHS 的第一个版本于 2002 年 12 月 11 日至 13 日由委员会核准，于 2003 年发布。此后，每两年修订一次。

GHS 制度总共分为 4 个章节（导言、物理危害、健康危害和环境危害）和 10 个附录，主要包括两方面内容：① 化学品危险展示要素，包括标签和安全数据表；② 按健康、环境和物理危害对化学品的统一分类标准。

信号词 GHS 制度使用“Danger”和“Warning”，“Danger（危险）”通常用于较严重危险类别，“Warning（警告）”通常用于不太危险的类别。GHS 象形图含义见表 9.7。

表 9.7 GHS 象形图含义

警示标签	标签名称	备注
	骷髅和交叉骨	经口吞咽、经皮肤接触吸收或吸入气体、蒸气、粉尘、烟雾会致死或中毒
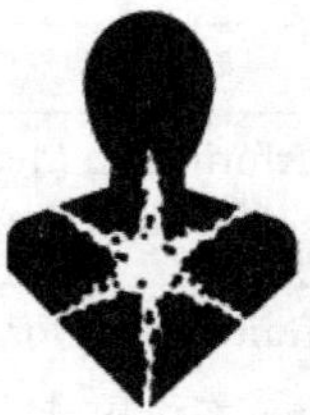	健康危害	可致癌或怀疑致癌，可引起遗传性缺陷，可能损害生育力或胎儿，吸入可能引起过敏、哮喘症状或呼吸困难
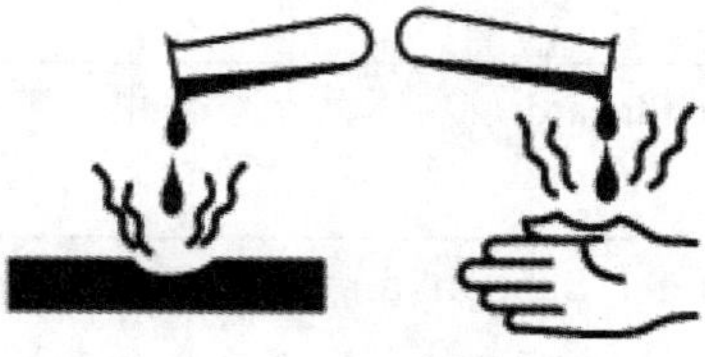	腐蚀	引起严重的皮肤灼伤和严重眼睛损伤

续表

警示标签	标签名称	备注
	感叹号	吞咽、皮肤接触或吸入有害，皮肤和眼睛刺激，皮肤过敏，呼吸道刺激，对臭氧层有害
	爆炸弹	具有爆炸危险的物质
	火焰	易燃气体、气溶胶、液体和固体，自燃液体和固体，自燃物质，自反应物质，遇水释放易燃气体的物质，有机过氧化物
	圆环上方火焰	可引起或加剧燃烧的氧化剂
	环境	对水生生物有害或慢性水生毒性
	高压气瓶	压缩气体，如加热可爆炸；冷冻气体，可引起冻伤

GHS 制度化学品安全技术说明书（SDS）由以下 16 部分信息组成，且每个部分的标题、编号和前后顺序不得随意变更。

1. 第一部分：化学品及企业标识（Chemical and Enterprise Identification）

该部分主要标明化学品的名称，该名称应与安全标签上的名称一致。

2. 第二部分：危险性概述（Hazard Identification）

该部分标明了化学品主要的物理和化学危险性信息，以及对人体健康和环境影响的信息。

3. 第三部分：成分/组成信息（Ingredients/Composition Information）

该部分主要介绍该化学品是物质还是混合物。

4. 第四部分：急救措施（First-aid Measures）

该部分应说明必要时应采取的急救措施及应避免的行动。

5. 第五部分：消防措施（Fire-fighting Measures）

该部分说明了合适的灭火方法和灭火剂。

6. 第六部分：泄漏应急处理（Leak Emergency Treatment）

该部分说明作业人员防护措施、防护装备和应急处置程序。

7. 第七部分：操作处置与储存（Operation Handling and Storage）

操作处置：描述安全处置注意事项。

储存：描述安全储存的条件、安全技术措施、同禁配物隔离储存的措施、包装材料信息。

8. 第八部分：接触控制和个人防护（Exposure Control and Personal Protection）

该部分列明容许浓度，如职业接触限值或生物限值。

9. 第九部分：理化特性（Physical and Chemical Properties）

该部分描述化学品的外观与性状。

10. 第十部分：稳定性和反应性（Stability and Reactivity）

该部分描述化学品的稳定性和在特定条件下可能发生的危险反应。

11. 第十一部分：毒理学信息（Toxicological Information）

该部分全面、简洁地描述使用者接触化学品后产生的各种毒性作用（健康影响）。

12. 第十二部分：生态学信息（Ecological Information）

该部分提供化学品的环境影响、环境行为和归宿方面的信息。

13. 第十三部分：废弃处置（Waste Disposal）

该部分包括为安全和有利于环境保护而推荐的废弃处置方法信息。

14. 第十四部分：运输信息（Transport Information）

该部分包括国际运输法规规定的编号与分类信息。

15. 第十五部分：法规信息（Regulatory Information）

该部分标明使用本 SDS 的国家或地区中，管理该化学品的法规名称。

16. 第十六部分：其他信息（Other Information）

该部分进一步提供上述各项未包括的其他重要信息。

9.6 HMIS 及有害物质识别

有害物质识别系统（Hazardous Materials Identification System，HMIS）是由美国涂料协会（American Coatings Association，ACA）开发，用以帮助雇主遵守美国职业安全与健康管理局（OSHA）的危险公示标准（HCS）。由于美国执行 GHS 的 OSHA HCS2012 并没有对 HMIS 标签做强制要求，HMIS 标签短期内不会消失，但会被 GHS 标签所替代。HMIS 标签使用 4 种不同颜色的矩形来标识物质危害，蓝色表示健康危害，红色表示易燃性，黄色表示反应活性（在 2002 年 4 月更新的标识第三版中，黄色更新为物理危害），白色表示个人防护措施。前 3 种危害分为 5 个等级，分别用 0、1、2、3、4 来表示，4 级为危险程度最高的等级如图 9.1 所示，具体意义见表 9.8。个人防护索引如图 9.2 所示。

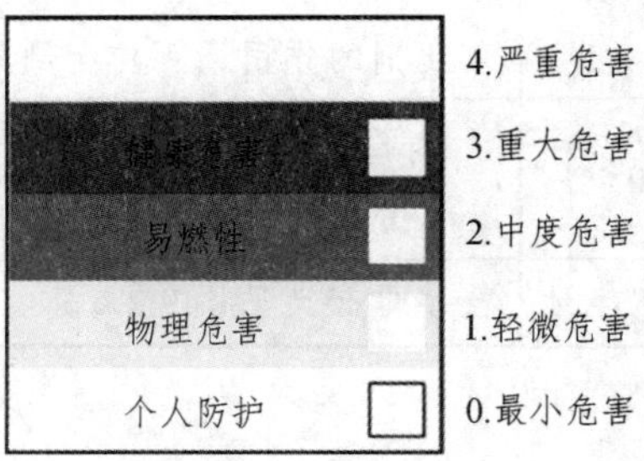

图 9.1　HMIS 标签

表 9.8　HMIS 标签意义

颜色	含义	等级	描述
蓝色	健康危害	4	短时间或长期接触可能存在生命危险或造成永久性伤害
		3	未采取防护措施或药物治疗可能造成重大伤害
		2	短暂的或微小的伤害可能发生
		1	具有刺激性或可能引起微小的可恢复性伤害
		0	无任何健康危害
红色	易燃性	4	极易燃烧或爆炸
		3	易燃或易爆
		2	可燃
		1	难燃
		0	不燃
黄色	物理危害	4	遇水可发生水解反应、爆炸或爆炸性聚合、分解反应或在常温常压下发生自身反应
		3	与水混合或遭受强撞击时可能发生爆炸或爆炸性反应。在常温常压下，可能发生聚合、分解、自反应或其他化学变化并缓慢释放能量
		2	不稳定物质，在常温常压下可能发生剧烈的化学变化，遇水可能发生剧烈的自反应，暴露于空气中可能发生氧化反应
		1	在常温常压下，性质稳定，但在高温高压下，化学稳定性能下降，遇水可能发生缓慢的反应，或在催化剂的作用下可发生剧烈的化学反应
		0	稳定性物质，在火灾条件下也不会与水发生聚合、分解反应，不会爆炸
白色	个人防护	A～Z 字母	字母含义见图 9.2

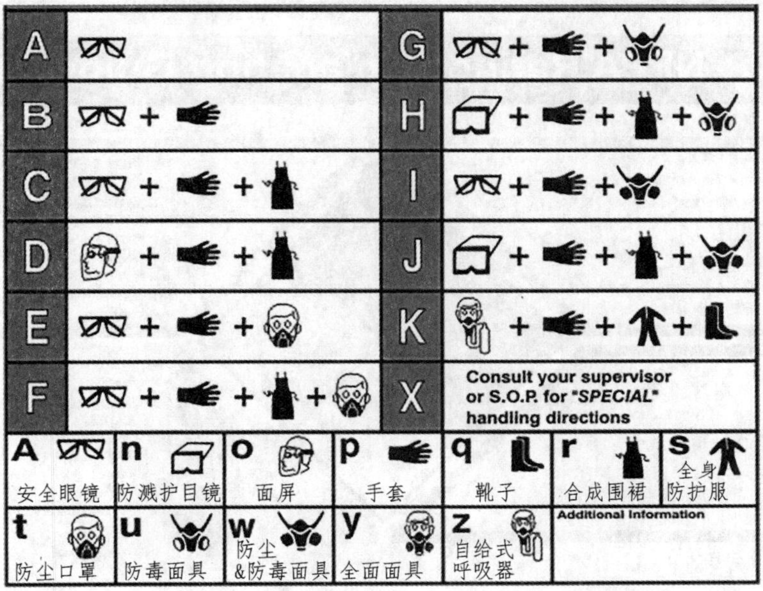

图 9.2　个人防护索引

9.7　NFPA 704 及危险识别

NFPA 704 危险品紧急处理系统鉴别标准（Standard System for the Identification of the Hazards of Materials for Emergency Response）是美国消防协会（National Fire Protection Association，NFPA）制定的危险品紧急处理系统鉴别标准。它提供了一套简单判断化学品危害程度的系统，并将其用蓝、红、黄、白 4 色的警示菱形来表示。

警示菱形按颜色分为 4 部分：蓝色表示健康危害性；红色表示可燃性；黄色表示反应性；白色用于标记化学品的特殊危害性。前三部分根据危害程度被分为 0、1、2、3、4 五个等级，用相应数字标识在颜色区域内，如图 9.3 所示，具体意义见表 9.9。

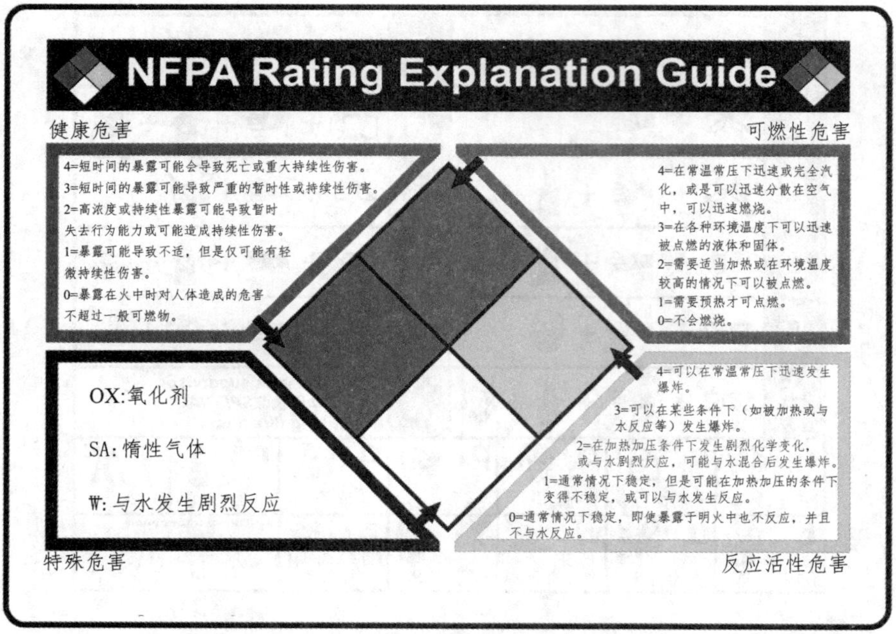

图 9.3　NFPA 704 标志

表 9.9　NFPA 704 标志意义

颜色	含义	等级	描述
蓝色	健康危害等级	4	短时间的暴露可能会导致死亡或重大持续性伤害
		3	短时间的暴露可能导致严重的暂时性或持续性伤害
		2	高浓度或持续性暴露可能导致暂时失去行为能力或可能造成持续性伤害
		1	暴露可能导致不适，但是仅可能有轻微持续性伤害
		0	暴露在火中时对人体造成的危害不超过一般可燃物
黄色	反应活性等级	4	可以在常温常压下迅速发生爆炸
		3	可以在某些条件下（如被加热或与水反应等）发生爆炸
		2	在加热加压条件下发生剧烈化学变化，或与水剧烈反应，可能与水混合后发生爆炸
		1	通常情况下稳定，但是可能在加热加压的条件下变得不稳定，或可以与水发生反应
		0	通常情况下稳定，即使暴露于明火中也不反应，并且不与水反应

续表

颜色	含义	等级	描述
红色	可燃性等级	4	在常温常压下迅速或完全气化，或是可以迅速分散在空气中，可以迅速燃烧
		3	在各种环境温度下可以迅速被点燃的液体和固体
		2	需要适当加热或在环境温度较高的情况下可以被点燃
		1	需要预热才可点燃
		0	不会燃烧
白色	特殊危害性	~~W~~	与水发生剧烈反应，如钙
		OX	（有时被写作 OXY）：氧化剂，如高锰酸钾
		SA	需要简单保护气（保护气可以是氮气和稀有气体）
			以上 3 个符号是 NFPA 704 标准中规定的符号，除此之外，化学品厂商有时还使用以下符号标记在白色区域： COR：腐蚀性，如浓硫酸 ACID：强酸，如盐酸 ALK：强碱，如氢氧化钠，氢氧化钙 BIO 或☣（ ）：生物危害性，如溴化乙啶 RAD 或：放射性，如铀 CRY 或 CRYO：低温，如液氮

9.8 航空维修中的个人防护

9.8.1 眼部防护

1. 中国国标

中国国标 GB 14866—2006《个人用眼护具技术要求》规定了个人眼护具的技术性能要求，针对防化学品性能，国标将眼护具分为三类，分别用数字进行标记：

"3"——具备化学雾滴防护性能。

"4"——具备粉尘防护性能。

"5"——具备刺激性气体防护性能。

2. 美国标准

美国国家标准学会（AMERICAN NATIONAL STANDARDS INSTITUTE，

ANSI）关于眼部防护的标准为 ANSI Z87.1“Personal eye and face protection devices”，对眼镜上的标识定义如下：

“Z87”——安全防护眼镜通过 Z87 基本测试要求。

“Z87+”——安全防护眼镜满足高于 Z87 的测试标准。

符合 ANSI Z87.1 标准的眼部防护，对微滴、飞溅和粉尘的防护用字母“D”进行标记，详细含义如下：

“D3”能够保护眼睛不受液滴和飞溅物伤害。

“D4”提供防尘保护。

“D5”提供细粉尘防护。

如果眼镜满足 ANSI Z87.1 标准，在眼镜的镜架上会打上“Z87”或者“Z87+D3D4”等标记。

3. 欧盟标准

欧盟关于眼部防护的标准为 EN166，满足 EN166 标准的防护眼镜，通常在两个镜腿内侧标准相关标识。标识含义如下：

“EN166”——满足欧洲标准 EN166。

“3”——防液滴和飞溅，通常只有护。目镜周围完全密封的防护眼镜上才能找到。

“4”——防尺寸超过 5 μm 的大灰尘颗粒。

“5”——防小于 5 μm 的细尘颗粒。

除了上述标识之外，满足欧洲标准的防护用品通常还会标记“CE”，表示该产品满足欧盟消费者安全、健康和环境需求。

9.8.2 呼吸防护

1. GB 2890—2009《呼吸防护 自吸过滤式防毒面具》

满足 GB 2890—2009 的自吸过滤式防毒面具的防护对象和标色见表 9.10。

表 9.10 自吸过滤式防毒面具防护对象及标色

类型	防护对象	标色
A 型	用于防护有机气体或蒸气，如苯、苯胺类、四氯化碳、硝基苯、氯化苦	褐色
B 型	用于防护无机气体或蒸气，如氯化氰、氢氰酸、氯气	灰色
E 型	用于防护二氧化硫和其他酸性气体或蒸气	黄色

续表

类型	防护对象	标色
K 型	用于防护氨及氨的有机衍生物	绿色
CO 型	用于防护一氧化碳气体	白色
Hg 型	用于防护汞蒸气	红色
H_2S 型	用于防护硫化氢气体	蓝色

2. GB 2626—2006《呼吸防护用品自吸过滤式防颗粒物呼吸器》

满足 GB 2626—2006 要求的自吸过滤式防颗粒物呼吸器滤料分类见表 9.11。

表 9.11　自吸过滤式防颗粒物呼吸器滤料分类

滤料分类	过滤效率大于 90.0%	过滤效率大于 95.0%	过滤效率大于 99.97%
KN 类	KN90	KN95	KN100
KP 类	KP90	KP95	KP100

3. NIOSH 42CFR84 自吸过滤式呼吸器

NIOSH 42CFR84 自吸过滤式呼吸器滤料分类见表 9.12。

表 9.12　NIOSH 42CFR84 自吸过滤式呼吸器滤料分类

滤料分类	过滤效率大于 95%	过滤效率大于 99%	过滤效率大于 99.97%
N 系列	N95	N99	N100
R 系列	R95	R99	R100
P 系列	P95	P99	P100

针对有机气体，除了标记系列之外，还有用字母代码表示防护类型，字母代码含义如下：AM——氨气；MA——甲胺；FM——甲醛；CL——氯气；OV——有机蒸气；MV——汞蒸气；HC——氯化氰；SD——二氧化硫；HS——硫化氢；AG——酸性气体。

在注意和限制里面，使用字母标识以下含义：

A——不适用于氧含量低于 19.5%的环境。

B——不适用于立即危害生命或健康的环境。

C——不得超过监管标准规定的最大使用浓度。

H——不可用于防护警告性能差或吸收产生高热反应的有机蒸气。

K——《职业安全卫生管理条例》规定，使用本呼吸器对抗甲醛时，必须戴防毒眼镜。

4. 欧盟 EN14387 滤芯分类（见表 9.13）

表 9.13　欧盟 EN14387 滤芯分类

类型	防护对象	标色	最大允许气体含量
A 型	用于防护有机气体或沸点高于 65 °C 的蒸气	褐色	1 级　1 000 mL/m^3 2 级　5 000 mL/m^3 3 级　8 000 mL/m^3
B 型	用于防护无机气体或蒸气，除 CO	灰色	1 级　1 000 mL/m^3 2 级　5 000 mL/m^3 3 级　8 000 mL/m^3
E 型	用于防护二氧化硫和其他酸性气体或蒸气	黄色	1 级　1 000 mL/m^3 2 级　5 000 mL/m^3 3 级　8 000 mL/m^3
K 型	用于防护氨及氨的有机衍生物	绿色	1 级　1 000 mL/m^3 2 级　5 000 mL/m^3 3 级　8 000 mL/m^3
AX 型	用于有机气体或低沸点蒸气（低于 65 °C）	棕色	1 类　100 mL/m^3 最大 40 min 1 类　500 mL/m^3 最大 20 min 2 类　1 000 mL/m^3 最大 60 min 2 类　1 000 mL/m^3 最大 20 min
NO-P3 型	用于防护一氧化氮气体，包含一个微粒滤芯	蓝白色	最大允许使用时间 20 min
Hg-P3 型	用于防护汞蒸气，包含一个微粒滤芯	红白色	最大允许使用时间 50 min
CO	用于一氧化碳	黑色	
P 型	用于微粒	白色	1 级　最大渗透量 20% 2 级　最大渗透量 6% 3 级　最大渗透量 0.05%

5. 欧盟 EN143 和 149 滤芯分类（见表 9.14）

表 9.14　欧盟 EN143 和 149 滤芯分类

滤料分类	滤料分级	过滤效率
EN149:2001 过滤半面罩式防颗粒物	FFP1	最低过滤效果不小于 80%
	FFP2	最低过滤效果不小于 94%
	FFP3	最低过滤效果不小于 97%

续表

滤料分类	滤料分级	过滤效率
EN143:2000 颗粒物滤芯	P1	最低过滤效果不小于 80%
	P2	最低过滤效果不小于 94%
	P3	最低过滤效果不小于 97%

9.8.3 中国国标 GB/T 24536—2009 化学防护服

符合 GB/T 24536—2009 的化学防护服适用范围见表 9.15。

表 9.15 防护服适用范围

化学防护服分类	类别代号	防护服选择
气密型化学防护服-ET	1-ET	未知化学物质气体及蒸气（包含易挥发、升华固体化学物质升华气体）；作业环境空气中的化学物质浓度高于 IDLH 浓度（包含易挥发、升华固体化学物质升华气体）；未知颗粒物；不易挥发的高毒性颗粒物
非气密型化学防护服-ET	2-ET	作业环境空气中的化学物质浓度低于 IDLH 浓度（包含易挥发、升华固体化学物质升华气体）；危害程度较低的毒性颗粒物
喷射液密型化学防护服-ET	3a-ET	无法判别压力高低的液体化学物质；固体化学物质；不易挥发液体
喷射液密型化学防护服	3a	较高压力的液体化学物质；固体化学物质；不易挥发液体
泼溅液密型化学防护服	3b	无压力或压力较低的液体化学物质；固体化学物质；不易挥发液体
颗粒物防护服	4	有摄入性危害的固体化学物质；固体粉尘（包含非毒性漆雾）

9.8.4 防护手套

不同种类防护手套适应性见表 9.16。

表 9.16 防护手套适应性

类别	橡胶	丁基合成橡胶	氯丁橡胶	PVC	PVA	丁腈
无机酸	好	好	优秀	好	差	优秀
有机酸	优秀	优秀	优秀	优秀	优秀	—

续表

类别	橡胶	丁基合成橡胶	氯丁橡胶	PVC	PVA	丁腈
腐蚀物质	优秀	优秀	优秀	好	差	好
醇类（甲醇）	优秀	优秀	优秀	优秀	一般	优秀
芳香族（甲苯）	差	一般	优秀	差	优秀	优秀
酮类	一般	优秀	好	—	一般	一般
油漆稀释剂	一般	一般	—	一般	优秀	一般
苯	—	—	—	—	优秀	一般
甲醛	优秀	优秀	优秀	优秀	差	一般
乙酸乙酯	一般	好	好	好	差	一般
苯酚	一般	好	优秀	好	差	—

附录 1

缩略词

英文缩写	英文全称	中文全称	释义
		A	
AC	Advisory Circular	咨询通告	
AC	Airworthiness Certificate	适航证	
ACARS	Aircraft Communication Addressing and Reporting System	飞机通信寻址报告系统	一个基于 VHF（甚高频）的双向机载数据通信系统，为航空公司空地、地地大流量数据通信提供服务，实现各种信息的交换
ACMS	Aircraft Condition Monitoring System	飞机状态监控系统	
AD	Airworthiness Directive	适航指令	
ADC	Air Data Computer	大气数据计算机	根据量取压力和温度而产生大气数据资料（高度、空速等）的计算机
ADF	Automatic Direction Finder	自动定向仪	确定无线电台方向的系统
ADI	Attitude Director Indicator	姿态指引仪	用来显示飞机的俯仰姿态和坡度的电子显示
ADIRS	Air Data/Inertial Reference System	大气数据惯性基准系统	
ADM	Air Data Module	大气数据模块	

续附表

英文缩写	英文全称	中文全称	释义
	A		
ADS-B	Automatic Dependent Surveillance-Broadcast	广播式自动相关监视	一种基于全球卫星定位系统和利用空地、空空数据链实现交通监控和信息传递的空管监视新技术
AECU	Audio Electronic Control Unit	音频电子控制组件	
AEG	Aircraft Evaluation Group	航空器评审组	
AFCS	Automatic Flight Control System	自动飞行控制系统	
AFDS	Autopilot Flight Director System	自动驾驶飞行指引系统	
AFM	Airplane Flight Manual	飞机飞行手册	包含性能极限，操作极限，操作程序，起飞和着陆性能等资料的法定文件
AFT	Afterward	向后	
AHRS	Attitude and Heading Reference System	姿态航向基准系统	
AIDS	Aircraft Integrated Date System	飞机综合数据系统	
AMM	Aircraft Maintenance Manual	飞机维护手册	
AMOC	Acceptable Means of Compliance	替代的符合性方法	
AMU	Audio Management Unit	音频管理组件	
ANT	Antenna	天线	
AOA	Angle of Attack	迎角	
AOC	Airline Operating Control	运行控制中心	航空公司的指挥核心，保证航空公司运行安全的中枢，一种较为先进的运行生产管理模式

续附表

英文缩写	英文全称	中文全称	释义
A			
AOG	Aircraft on Ground	飞机停飞	
AP	Airworthiness Procedure	适航管理程序	
APPR	Approach	进近	
APU	Auxiliary Power Unit	辅助动力装置	
AR	As Required	按需	
ARINC	Aeronautical Radio Incorporated	航空无线电公司	
ARM	Aircraft Recovery Manual	飞机恢复手册	
ARTCC	Air Route Traffic Control Center	空中交通管制中心	
ASCII	American Standard Code for Information Interchange	美国信息互换标准代码	
ASI	Airspeed Indicator	空速指示器,空速表	
ATA	Air Transport Association Of America	美国航空运输协会	
ATC	Air Traffic Control	空中交通管制	
ATCRB	Air Traffic Control Radar Beacon	空中交通管制雷达信标系统	
ATE	Automatic Test Equipment	自动测试装置	
ATT	Attitude	高度	
AVM	Airborne Vibration Monitor	机载振动监测器	
AWG	American Wire Gauge	美国线规	
B			
BAT	Battery	蓄电池（电瓶）	
BCD	Binary Coded Decimal	二进制编码	
BHP	Brake Horsepower	制动马力	
BITE	Built-In Test Equipment	机内自测系统	
BL	Buttock Line	纵剖线	
BPCU	Bus Power Control Unit	汇流条电源控制组件	
BS	Body Station	机身站位	
BSI	Borescope Inspection	孔探仪检查	
BTB	Bus Tie Breaker Relay	汇流条连接接触器	

续附表

英文缩写	英文全称	中文全称	释义
		C	
CAAC	Civil Aviation Administration of China	中国民用航空局	
CAI	Cabin Altitude Indicator	客舱高度指示器	
CAMP	Continuous Airworthiness Maintenance Program	持续适航维修大纲	
CAMO	Continuous Airworthiness Maintenance Organization	持续适航维修机构	
CAS	Calibrated Air Speed	校准空速	
CAS	Crew Alerting System	机组警告系统	
C/B	Circuit Breaker	跳开关	
CCAR	China Civil Aviation Regulation	中国民用航空规章	
CDU	Control Display Unit	控制显示组件	
CFRP	Carbon Fiber Reinforced Plastic	碳纤维增强复合材料	
CFIT	Controlled Flight Into Terrain	可控飞行撞地	
CFR	Code of Federal Regulations	联邦条例法典	
CG	Center Of Gravity	重心	
CHT	Cylinder Head Temperature	汽缸头温度	
CL	Check List	检查单	
CM	Condition Monitoring	状态监控	
CMM	Component Maintenance Manual	部件维护手册	
CMU	Communication Management Unit	通信控制单元	
COM/COMM	Communications	通信	
COMP	Compass	罗盘	
CP	Control Panel	控制面板	
CPCP	Corrosion Prevention and Control Program	腐蚀控制与腐蚀防护	
CPP	Controllable-pitch Propeller	可调螺距螺旋桨	
CRT	Cathode Ray Tube	阴极射线管	
CS	Certification Standard	合格审定标准	
CSD	Constant Speed Drive	恒速驱动装置	
CTSOA	China Technical Standard Order Approval	中国技术标准规定项目批准书	
CVR	Cockpit Voice Recorder	驾驶舱话音记录器	

续附表

英文缩写	英文全称	中文全称	释义
D			
DA/DH	Decision Altitude/Decision Height	决断高度/决断高	在精密进近中，如不能建立继续进近所必需的目视参考，则应当开始复飞的特定高度或高
DAR	Designated Airworthiness Representative	适航委任代表	
D.C.	Direct Current	直流电	
DCP	Display Control Panel	显示控制面板	
DER	Designated Engineering Representative	工程委任代表	
DFDR	Digital Flight Data Recorder	数字式飞行资料记录器	
DG	Directional Gyro	方位陀螺	
DMA	Direct Memory Addressing	直接存储器寻址	
DMA	Direct Memory Access	直接存取	
DME	Distance Measuring Equipment	测距机	飞机和预选地面（DME）台之间所需要的时间来确定两者间的距离
DSP	Display Signal Processor	数字式信号处理器	
DSP	Display Select Panel	显示选择面板	
DOA	Design Organization Approval	设计单位批准书	
DOT	Department of Transport	运输部（美国）	
DU	Display Unit	显示组件	
E			
EADI	Electronic Attitude Director Indicator	电子姿态指引仪	
EASA	European Aviation Safety Agency	欧洲航空安全局	
ECU	Engine Control Unit	发动机控制组件	
EEC	Electronic Engine Control	电子发动机控制装置	
EFIS	Electronic Flight Instrument System	电子飞行仪表系统	

续附表

英文缩写	英文全称	中文全称	释义
E			
EGT	Exhaust Gas Temperature	排气温度	发动机排出气体的温度,由热电偶量出监控发动机正常工作的仪表指示
EHSI	Electronic Horizontal Situation Indicator	电子水平状态指示	
EICAS	Engine Indicating And Crew Alerting System	发动机指示和机组警告系统	
ELT	Emergency Locator Transmitter	应急定位发射机	
EMU	Engine Maintenance Unit	发动机维护组件	
EO	Engineering Order	工程指令	
EPR	Engine Pressure Ratio	发动机压力比	进气压力与排气压力值的比，某些发动机以此作为设定推力的主要依据
ERP	Eye Reference Position	目视参考位置	飞行员观察飞机仪表的头部最佳位置，由调整座椅来达到
ESDS	Electro Static Discharge Sensitive Devices	静电放电敏感件	
ETOPS	Extended Range Operations for Two-engine Airplanes	双发飞机延程运营	
EWIS	Electrical Wiring Interconnection System	电气线路互联系统	
EMM/EM	Engine Maintenance Manual/Engine Manual	发动机维护手册	
F			
FAA	Federal Aviation Administration	美国联邦航空局	
FADEC	Full Authority Digital Engine Control	全权数字式发动机控制	
FAIL	Failed/Failure	失效	
FAR	Federal Aviation Regulation	联邦航空条例	
FBO	Fixed Base Operator	固定运营基地	

续附表

英文缩写	英文全称	中文全称	释义
		F	
FBS	Fixed Base Simulator	固定模拟机	除了没有视景和动感之外，其他特点与全动模拟机相同的飞行训练设备
FC	Flight Cycle	飞行循环	
FCC	Flight Control Computer	飞行控制计算机	
FCU	Fuel Control Unit	燃油控制装置	发动机上的一个部件，在发动机起动和运转时控制燃油流量
FDI	Flight Direction Instrument	飞行指引仪表	
FDR	Flight Data Recorder	飞行数据记录器	
FDS	Flight Director System	飞行指引仪系统	
FH	Flight Hours	飞行小时	
FIM	Fault Isolation Manual	故障隔离手册	内含隔离并排除飞机故障程序的手册，供航空公司维修机械员使用
FL	Flight Level	高度层	相对于 29.92 in.Hg 参考数据的气压恒定的高，每层均以 3 位数表示，100 ft 为单位，如 FL 2 压力高度为 25 000 ft
FMC	Flight Management Computer	飞行管理计算机	用于导航、指引和性能计算的飞机计算机
FMS	Flight Management System	飞行管理系统	
FOD	Foreign Object Damage	外来物损坏	
FRM	Fault Reporting Manual	故障报告手册	机组使用的一本手册，用以帮助他们报告飞机系统的故障
FWC	Flight Warning Computer	飞行警告计算机	

续附表

英文缩写	英文全称	中文全称	释义
		G	
GA	General Aviation	通用航空	
GAMA	General Aviation Manufacturers Association	通用航空器制造商协会	
GB	Generator Breaker(S)	发动机跳开关	能将发电机与由它供电的汇流条断开的装置
GB		国家标准	
GCU	Generator Control Unit	发电机控制组件	
GFRP	Glass Fiber Reinforced Plastic	玻璃纤维增强塑料	
GM	Guidance Material	指导材料	
GNSS	Global Navigation Satellite Systems	全球导航卫星系统	
GPS	Global Positioning System	全球定位系统	
GS	Ground Speed	地速	飞机相对于地球表面的速度
GS	Glide Slope	下滑道	由进近或着陆期间，飞机或飞行员使用的地面电子信号确立的一条垂直下滑航道
GSE	Ground Support Equipment	地面保障设备	当飞机在地面时，用于勤务、测试、搬移、动力供应或维修用的设备
GW	Gross Weight	全重	整架飞机的重量，包括飞机、燃油、滑油、货物和乘客等在内
		H	
HDG	Heading	航向	
HF	High Frequency	高频	频率带在 3 ~ 30 MHz
HF	Human Factor	人为因素	
HSI	Horizontal Situation Indicator	水平状态指示器	
HT	Hard Time	定时维修	
HUD	Head- Up Display	平视显示器	
Hz	Hertz	赫兹	

续附表

英文缩写	英文全称	中文全称	释义
I			
IAF	Intial Approach Fix	起始进场定位点	
IAS	Indicated Airspeed	指示空速	
IATA	International Air Transport Association	国际航空运输协会	
ICA	Instructions for Continued Airworthiness	持续适航文件	
ICAO	International Civil Aviation Organization	国际民用航空组织	
IDG	Integrated Drive Generator	整体驱动发电机	
IDU	Interactive Display Unit	交互显示装置	
IFR	Instrument Flight Rules	仪表飞行规则	
ILS	Instrument Landing System	仪表着陆系统	
IMC	Instrument Meteorological Conditions	仪表飞行气象条件	
INS	Inertial Navigation System	惯性导航系统	
IPC	Illustrated Parts Catalog	零部件图解目录	
IRU	Inertial Reference Unit	惯性基准组件	
IRS	Inertial Reference System	惯性基准系统	
ISA	International Standard Atmosphere	国际标准大气	
ISO	International Standard Organization	国际标准组织	
J			
JAA	Joint Aviation Authorities	联合航空局	
JAR	Joint Airworthiness Regulation	联合适航条例	
K			
KCAS	Knots Calibrated Airspeed	校准空速	
KIAS	Knots Indicated Airspeed	指示空速	
KNOT	节（K，KT,KTS）	1 nml/h 的速度	
KTAS	Knots True Airspeed	真空速	
L			
LCD	Liquid Crystal display	液晶显示	
LED	Light Emitting Diode	发光二极管	

续附表

英文缩写	英文全称	中文全称	释义
	L		
LEMAC	Leading Edge of the Mean Aerodynamic Chord	平均气动弦前缘	
LMM	Compass Locator at Middle Marker	中台	与仪表着陆进近系统的中指点标配套安装的罗盘定位台（NDB）
LNAV	Lateral Navigation	水平导航	
LOC	Localizer	航向道	
LOM	Compass Locator at Outer Marker	远台	与仪表着陆进近系统的远指点标配套安装的罗盘信标台（NDB）
LRC	Long Range Cruise	远程巡航速度	
LRRA	Low Range Radio Altimeter	低空无线电高度表	
LRU	Line Replaceable Unit	航线可换件	
LTP	Left Top Plug	左上部插头	
LVDT	Linear Variable Differential Transformer	线性可变差动变压器	
	M		
MAC	Mean Aerodynamic Chord	平均气动弦	
MAP	Manifold Absolute Pressure	进气歧管绝对压力	
MAT	Maintenance Access Terminal	维护接近终端	
MCC	Maintenance Control Center	维修控制中心	
MCT	Max Climb Thrust	最大爬升推力	
MCT	Maxmum Continuous Thrust	最大连续推力	
MCU	Master Control Unit	主控制单元	
MDA	Minimum Decision Altitude	最小决断高度	
MEC	Main Engine Control	发动机主控制	

续附表

英文缩写	英文全称	中文全称	释义
		M	
MEL	Minimum Equipment List	最低设备清单	由航空器营运人制定，经过本国适航机构批准的重要技术文件，MEL 制定的依据是主最低设备清单 MMEL。MEL 是在其基础上，根据本航空公司所选飞机构型上的不同，并结合本公司运行水平、经验等差异性，对特定型号并带有序号和注册号的航空器制定的在一定期限内可以允许不工作设备和系统的文件
MFD	Multi-function display	多功能显示器	
MIC	microphone	扩音器/麦克风	
MKR	Marker Beacon	无线电指点信标	
MMEL	Master Minimum Equipment List	主最低设备清单	由航空器制造国的民航当局、适航机构制订的，用于指导航空器用户、航空公司具体编写 MEL 的纲领性文件，它规定了该型号飞机允许带有哪些不工作的仪表和设备放行，并对工作仪表设备的最低放行数量以及保留故障放行的限制条款做出了原则上的要求
MPD	Maintenance Planning Document	维修计划文件	
MRB	Maintenance Review Board	维修审查委员会	
MRBR	Maintenance Review Board Reports	维修审查委员会报告	
MRC	Maximum Range Cruise	最大航程巡航速度	
MSDS	Material Safety Data Sheet	材料安全数据单	
MSG	Maintenance Steering Group	维修指导组	
MSU	Mode Selector Unit (IRS)	方式选择组件（惯性基准系统）	

续附表

英文缩写	英文全称	中文全称	释义
		M	
MTOW	Maximum Take-off Weight	最大起飞重量	
MTTF	Mean Time to Failure	平均故障时间	
MTTR	Mean Time to Repair	平均修理时间	
		N	
NAS	Navy and Army Standard/ National Aerospace Standard	海军和陆军标准	国家宇航标准
NAV	Navigation	导航	
N/A	Not Applicable	不适用	
NDB	Non-directional Radio Beacon/ Navigation Data Base	无方向性无线电信标台/导航数据库	
NDI	Nondestructive Inspection	无损检验	
NDT	Nondestructive Testing	无损探伤试验	
NTSB	National Transport Safety Board	国家运输安全委员会	
		O	
OAT	Outside Air Temperature	外界大气温度	
OBS	Omni Bearing Selector	全向选择器	
OC	On Condition	视情	
OEW	Operating Empty WeighT	使用空重	一架勤务完毕的飞机,包括空勤人员,但不含燃油和业载的重量
OJT	On Job Training	在职培训	
OVBD	Overboard	机外	
OVHD	Overhead	头顶的	
OVHT	Overheat	过热	
OVLD	Overload	过载	
OVRD	Override	超控	
OVSP	Overspeed	超速	
OXY	Oxygen	氧气	
		P	
PC	Product Certification	生产许可证	

续附表

英文缩写	英文全称	中文全称	释义
		P	
PCB	Printed Circuit Board	印刷电路板	
PCU	Power Control Unit	动力控制组件	
PCM	Power Conditioning Module	电源调节模块	
PDCS	Performance Data Computer System	性能数据计算机系统	一个能提供数据,使飞机达到最有效和最经济的操作的装置
PFD	Primary flight display	主飞行显示器	
PMA	Parts Manufacturing Approval	零部件制造人批准书	
PMC	Power Management Control	动力管理控制	
P/N	Part Number	件号	
POH	Pilot Operating Hand book	驾驶员操作手册	
PRSOV	Pressure Regulating and Shutoff Valve	压力调节和关断活门	
PSI	Pound Per Square Inch	磅/平方英寸	
PTR	Push to Reset	按压复位	
PTT	Push-to-Talk	按压通话	
PTU	Power Transfer Unit	动力转换装置	
		Q	
QA	Quality Assurance	质量保证	
QAD	Quick-Attach-Detach	快速装卸	
QAR	Quick Access Recorder	快速存取记录器	用于监控、记录大量飞行参数、数据的机载设备
QC	Quality Control	质量控制	
QFE	Field Atmospheric Pressure	场压	
		R	
RA	Radio Altimeter / Resolution Advisory	无线电高度表/决断提示	
RAM	Random Access Memory	随机存取存储器	
RAT	Ram Air Turbine	冲压空气涡轮	

续附表

英文缩写	英文全称	中文全称	释义
R			
RMI	Radio Magnetic Indicator	无线电磁指示器	
ROC	Rate of Climb	爬升率	
ROM	Read Only Memory	只读存储器	
RPM	Revolutions Per Minute	转速	
RVDT	Rotary Variable Differential Transducer	旋转可变差动传感器	
RVR	Runway Visual RangE	跑道视程	
RVSM	Reduced Vertical Separation Minimum	缩小垂直间隔	即将现代喷气式民航客机巡航阶段所在用的飞行高度层 FL290 ~ FL410（含）的垂直间隔标准由 2 000 ft 缩小到 1 000 ft，从而增加空域容量，提高航空公司的运行效益，减轻空中交通管制指挥的工作负荷。国际民航组织（ICAO）从 20 世纪 70 年代开始研究缩小垂直间隔标准的问题。2002 年 1 月，经有关国家民航当局和相关国际民航组织共同商讨，经过共达 13 次的工作会议，决定从 2002 年 2 月 21 日起在南中国海地区实施 RVSM 运行。未获得 RVSM 运行批准的航空器将不得在 RVSM 空域内运行，而只能在飞行高度层 FL290 以下飞行
S			
SAT	Static Air Temperature	静温	
SB	Service Bulletin	服务通告	
SDU	Satellite Data Unit	卫星数据组件	

续附表

英文缩写	英文全称	中文全称	释义
	S		
SI	Service Instruction	服务说明	
SID	Standard Instrument Departure	标准仪表离场	
SID	Supplemental Inspection Document	补充检查文件	
SL	Service Letter	服务信函	
SL	Sensitivity Level	灵敏度	
S/N	Serial Number	序号	
SNR	Signal To Noise Ratio	信噪比	
SSB	Single Side Band	单边带	
SSI	Structurally Significant Item	重大结构项目	
SSR	Secondary surveillance radar	二次监视雷达	
STC	Supplemental Type Certification	补充型号合格证	
	T		
TA	Traffic Advisory	交通提示	
TAI	Thermal Anti-Icing	热防冰	
TAS	True Airspeed	真空速	
TAT	Total Air Temperature	全温	
TAWS	Terrain Awareness and Warning System	地形识别警告系统	
TBO	Time Between Overhaul	翻修时限	
TC	Type Certification	型号合格证	
TCAS	Traffic Alert and Collision Voidance System	空中交通警告与防撞系统	
TCDS	Type Certificate Data Sheet	型号审定数据单	
TCC	Turbine Case Cooling	涡轮机匣冷却	
TDC	Top Dead Center	上死点	
TRU	Transformer Rectifier Unit	变压整流装置	
TSN	Time Since New	自新时间	
TSM	Troubleshooting Manual	排故手册	
TSO	Technical Standard Order	技术标准规定	
TSO	Time Since Overhaul	自翻修时间	

续附表

英文缩写	英文全称	中文全称	释义
		U	
UA	Unmanned Aircraft	无人机	
UHF	Ultra High Frequency	超高频	
ULB	Underwater Locator Beacon	水下定位信标	
UTC	Universal Time Coordinated	国际协调时	
		V	
V1	Takeoff Decision Speed	起飞决断速度	
V2	Takeoff Safety Speed	起飞安全速度	
VAC	Voltage Alternating Current	交流电压	
VFR	Visual Flight Rules	目视飞行规则	
VIS	Visibility	能见度	反映大气透明度的一个指标，航空界定义为具有正常视力的人在当时的天气条件下还能够看清楚目标轮廓的最大距离
VHF	Very High Frequency	甚高频	频率带在 30 ~ 300 MHz
VOR	VHF Omni-Directional Range	甚高频全向信标	
VSI	Vertical Speed Indicator	垂直速度指示器	
VSVF	Variable Speed Constant Frequency	变速恒频	
VTC	Validation Type Certification	型号认可证	
		W	
WDM	Wiring Diagram Manual	线路图手册	
WFD	Widespread Fatigue Damage	广布疲劳	
WXR	Weather Radar	气象雷达	
		Y	
Y/D	Yaw Damper	偏航阻尼器	
		Z	
ZFW	Zero Fuel Weight	零燃油重量	扣除可用燃油重量之后的最大允许重量

附录 2

证　件

1. 维修机构证件

中国民用航空局
CIVIL AVIATION ADMINISTRATION OF CHINA (CAAC)

维修许可证
MAINTENANCE ORGANIZATION CERTIFICATE

编号/No.________

单位名称/NAME OF ORGANIZATION:

____

单位地址/BUSINESS ADDRESS:

____

经审查，该单位符合中国民用航空规章第 145 部的要求，可以从事如下类别的维修工作：
Upon finding that the organization complies with the requirements of CHINA CIVIL AVIATION REGULATION(CCAR) Part 145, the above organization is adequate to accomplish maintenance of the following ratings:

机体维修
动力装置维修
螺旋桨维修
部件维修
特种作业
- ☆ -

本许可证除被放弃、暂停或吊销，在下述期限内将一直有效。
This certificate, unless cancelled, suspended, or revoked, shall continue in effect until:

长期有效

局长授权/FOR THE ADMINISTRATOR OF CAAC

签字/SIGNATURE:　　　　颁发日期/DATE ISSUED:

________________　　　　年　月　日

职务/POSITION:　　　　再次颁发日期/DATE REISSUED:

________________　　　　______/______

附图 2.1　维修许可证

2. 维修人员证件

中国民用航空局
Civil Aviation Administration of China

航空器维修人员执照
Aircraft Maintenance Personnel License

编号/No.:	CAACML *****	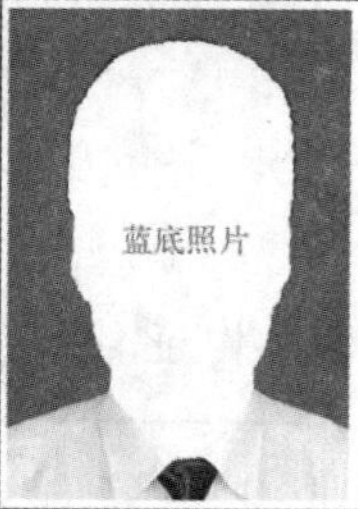
类别/Categories:	*****	
姓名/Name:	*****	
国籍/Nationality:	中国	
性别/Gender:	男/Male	
发照日期/Issue Date:	*****	
有效期/Validation:	长期有效/Long term	*****
发证机关/Issued by:	飞行标准司/Flight Standards Department	英语等级/English Level
签发人/Signed by:		*****
标注/Mark:	无	

颁发记录 / Issue Record

颁发日期 Date of Issue	增加类别 Category	颁发人 Signed by
2012-01-06	PA	
2013-07-25	TR	
2013-07-25	TA	

执照信息二维码

机型签署/ Aircraft Type Endorsement

机型 Aircraft Type	签署日期 Date of Issue	有效期 Expiry Date	签署机关 Issued by	标注 Mark
*****	*****	*****	飞标司/地区管理局	仅限航线维修放行

注：此文件仅用于打印执照信息之用，以持照人移动客户端的信息为准。

附图 2.2　维修人员执照

3. 批准放行证书/适航批准标签

（1）中国民用航空局批准放行证书/适航批准标签[①]（AAC-038）。

修订日期：　　修订版次：

1 国家 Country	2. 中国民用航空总局 CAAC　□符合性 Conformity　□ 适航性 Airworthiness 批准放行证书/适航批准标签 AUTHORIZED RELEASE CERTIFICATE/AIRWORTHINESS APPROVAL TAG	3 证书编号 Certificate Ref. No.

4 单位 Organization	5 工作单/合同单/货单 Work Order/Contract/Invoice

6 序号 Item	7 内容 Description	8 件号 Part No.	9 适用性 Eligibility	10 数量 Qty	11 系列号/批号 Serial/Batch No.	12 产品状态 Status/Work

13 备注 Remarks

14 新产品 New Parts	15 使用过的产品 Used Parts
兹声明上述产品除第 13 项的其它规定以外，已按照上述国家适航条例进行制造/检查，并且该产品（出口产品）符合经批准的型号设计资料和进口国提出的专用要求。 Certifies that the Part(s) identified above except as otherwise specified in block 13 was(were) manufactured/inspected in accordance with the airworthiness regulations of the stated country and/or in the case of parts to be exported with the approved design data and with the notified special requirements of the importing country.	兹声明上述产品除第 13 项的其它规定以外，已按照上述国家适航条例和进口国通知的特殊要求进行了工作，该产品处于安全可用状态可以批准放行使用。 Certifies that the work specified above except as specified in block 13 was carried out in accordance with the airworthiness regulations of the stated country and the notified special requirements of the importing country and in respect to that work, the part(s) is (are) in condition for safe operation and considered ready for release to service. (over)

16 批准人签名 Signature	18 批准日期 Date	19 中国民航总局授权 Issued by or on behalf of the CAAC
17 批准人姓名 Name		

AAC-038(12/94)

*参阅产品目录详细查找适用性
Cross-check eligibility for more details with parts catalogue

（a）正面

修订日期：　　修订版次：

批准放行证书/适航批准标签
AUTHORIZED RELEASE CERTIFICATE/AIRWORTHINESS APPROVAL TAG

使用者/安装者职责

USER/INSTALLER RESPONSIBILITIES

（1）必须明确：本文件并不批准零件/组件/部件可以装到有关产品上。
（2）当使用者/安装者使用的是所在国适航当局的条例，而不是本表第 1 项中所指国家适航当局的条例时，使用者/安装者必须保证所在国的适航当局能接受所指国家适航当局批准出口的零件/组件/部件。
（3）表中第 14 项、第 15 项的陈述，并不说明本表是安装批准。在所有情况下，航空器使用前，航空器使用者/安装者应把按本国适航条例颁发的安装批准放入维修记录中。

(1) It is important to understand that the existence of this document alone does not automatically constitute authority to install the part/component/assembly.
(2) Where the user/installer works in accordance with the national regulations of an Airworthiness Authority different than the Airworthiness Authority of the country specified in block 1 it is essential that the user/installer ensure that his/her Airworthiness Authority accepts parts/components/assemblies from the Airworthiness Authority of the country specified in block 1.
(3) Statements 14 and 15 do not constitute installation certification. In all cases the aircraft maintenance record must contain an installation certification issued in accordance with the national regulation by the user/installer before the aircraft may be flown.

AAC-038(12/94)

*参阅产品目录详细查找适用性
Cross-check eligibility for more details with parts catalogue

（b）背面

附图 2.3　中国民用航空局批准放行标签/适航批准标签（AAC-038）

① AAC-038 表的填写，见 AC-145-04《维修记录与报告表格填写指南》。

（2）美国联邦航空局批准放行证书（FAA Form 8130-3）。

1. Approving National Aviation Authority/Country: FAA/United States	2. **AUTHORIZED RELEASE CERTIFICATE** FAA Form 8130–3, AIRWORTHINESS APPROVAL TAG	3. Form Tracking Number:
4. Organization Name and Address:		5. Work Order/Contract/Invoice Number:

6. Item:	7. Description:	8. Part Number:	9. Eligibility: *	10. Quantity:	11. Serial/Batch Number:	12. Status/Work:

13. Remarks:	
14. Certifies the items identified above were manufactured in conformity to: □ Approved design data and are in a condition for safe operation. □ Non-approved design data specified in Block 13.	19. □ 14 CFR 43.9 Return to Service □ Other regulation specified in Block 13 Certifies that unless otherwise specified in Block 13, the work identified in Block 12 and described in Block 13 was accomplished in accordance with Title 14, Code of Federal Regulations, part 43 and in respect to that work, the items are approved for return to service.

15. Authorized Signature:	16. Approval/Authorization No.:	20. Authorized Signature:	21. Approval/Certificate No.:
17. Name (Typed or Printed):	18. Date (m/d/y):	22. Name (Typed or Printed):	23. Date (m/d/y):

User/Installer Responsibilities

It is important to understand that the existence of this document alone does not automatically constitute authority to install the part/component/assembly.

Where the user/installer performs work in accordance with the national regulations of an airworthiness authority different than the airworthiness authority of the country specified in Block 1, it is essential that the user/installer ensures that his/her airworthiness authority accepts parts/components/assemblies from the airworthiness authority of the country specified in Block 1.

Statements in Blocks 14 and 19 do not constitute installation certification. In all cases, aircraft maintenance records must contain an installation certification issued in accordance with the national regulations by the user/installer before the aircraft may be flown.

FAA Form 8130–3 (06-01)　　*Installer must cross-check eligibility with applicable technical data.　　NSN: 0052-00-012-9005

附图 2.4　美国联邦航空局批准放行证书（FAA Form 8130-3）

（3）欧洲航空安全局批准放行证书（EASA Form 1）。

1. Approving Competent Authority / Country	**2. AUTHORISED RELEASE CERTIFICATE** **EASA FORM 1**	3. Form Tracking Number
4. Organisation Name and Address:		5. Work Order/Contract/Invoice

6. Item	7. Description	8. Part No.	9. Qty.	10. Serial No.	11. Status/Work

12. Remarks	
13a. Certifies that the items identified above were manufactured in conformity to: □ approved design data and are in a condition for safe operation □ non-approved design data specified in block 12	14a □ Part-145.A.50 Release to Service □ Other regulation specified in block 12 Certifies that unless otherwise specified in block 12, the work identified in block 11 and described in block 12, was accomplished in accordance with Part-145 and in respect to that work the items are considered ready for release to service.

13b. Authorised Signature	13c. Approval/Authorisation Number	14b. Authorised Signature	14c. Certificate/Approval Ref. No.
13d. Name	13e. Date (dd mmm yyyy)	14d. Name	14e. Date (dd mmm yyyy)

USER/INSTALLER RESPONSIBILITIES
This certificate does not automatically constitute authority to install the item(s).
Where the user/installer performs work in accordance with regulations of an airworthiness authority different than the airworthiness authority specified in block 1, it is essential that the user/installer ensures that his/her airworthiness authority accepts items from the airworthiness authority specified in block 1.
Statements in blocks 13a and 14a do not constitute installation certification. In all cases aircraft maintenance records must contain an installation certification issued in accordance with the national regulations by the user/installer before the aircraft may be flown.

EASA Form 1-21 Issue 2.

附图 2.5　欧洲航空安全局批准放行证书（EASA Form 1）

4. 国籍登记证、适航证、电台执照

（1）国籍登记证。

中华人民共和国 THE PEOPLE'S REPUBLIC OF CHINA 民用航空器国籍登记证 CERTIFICATE OF CIVIL AIRCRAFT REGISTRATION		编号/No.：
1. 国籍标志和登记标志 Nationality and Registration Marks	2. 航空器型号和制造人 Manufacturer and Manufacturer's Designation of Aircraft	3. 航空器出厂序号 Serial No.
4. 本证发给 Issue to:		
5. 兹证明上述航空器已按照1944年12月7日《国际民用航空公约》和《中华人民共和国民用航空法》及根据该法发布的有关规定正式在中华人民共和国登记。		
局长授权 For the Minister: 签发人： Signature	部门/职务： Dept./Title 适航审定司司长	签发日期 Date of issue:
此证仅证明该航空器已在中华人民共和国登记，不做他用。		

AAC-016(06/2008)

（a）正面

附注 Remarks: 所有人名称/OWNER: 所有人地址/OWNER ADDRESS:
It is hereby certified that the above described aircraft has been duly entered on the register of the Civil Aviation Administration of China, in accordance with the Convention on International Civil Aviation dated December 7,1944 and with the Civil Aviation Law of The People's Republic of China,and regulations issued thereunder.
This certificate is issued for registration purpose only.

（b）背面

附图 2.6　国籍登记证

（2）适航证。

中国民用航空局

Civil Aviation Administration of China

	民用航空器标准适航证 **STANDARD AIRWORTHINESS CERTIFICATE**	编号/No.:
1．国籍和登记标志 **Nationality and Registration Marks**	2．航空器制造人和型号 **Manufacturer and Manufacturer's Designation of Aircraft**	3．航空器出厂序号 **Aircraft Serial No.**
4.类别 **Categories**:		
5.本适航证根据1944年12月7日《国际民用航空公约》和《中华人民共和国民用航空法》及根据该法发布的有关规定颁发。本航空器在 按照各项规定进行维修和各项运行限制运行时是适航的。 **This Certificate of Airworthiness is issued pursuant to the Convention on International Civil Aviation dated 7 December 1944,and to the Civil Aviation Law of the People's Republic of China and regulations issued thereunder,inrespect of the above-mentioned aircraft which is considered to be airworthy when maintained and operated in accordance with the foregoing and the pertinent operating limitations.**		
局长授权 **For the Minister**: 签发人： **Signature**	部门/职务： **Dept./Title**西南地区管理局局长	签发日期 **Date of Issuance**:
6.在中国注册登记期间，除非被暂扣，吊销或局方另行规定终止日期外，航空器在按照各项规定进行维修并按照各项运行限制运行时，本适航证长期有效。 **Unless suspended, revoked or a terminatio date is otherwise establisehed by the authority,this airworthiness certificate is effective as long as the maintenance is performed in accordance with the appropriate Civil Aviation Regulations of China and the aircraft is operated according to the prescribed limitations when the aircraft is registered in the People's Republic of China.**		
备　注： **Remarks**		

AAC-023(04/2008)　　　　第1页 共2页

（a）正 面

民用航空器标准适航证

STANDARD AIRWORTHINESS CERTIFICATE

民用航空器标准适航证再次签发记录

Re-issue record

日期 **Date**	再次签发原因 **Description**	签署部门 **Organization**	签名 **Signature**

AAC-023(04/2008)　　　　**第2页 共2页**

（b）背 面

附图 2.7　标准适航证

（3）电台执照。

序号

中 国 民 用 航 空 局

民 用 航 空 器 电 台 执 照

AIRCRAFT STATION LICENCE

根据中华人民共和国无线电管理规则和国际电信公约无线电规则,颁发本执照,准予安装和使用下述无线电设备;

国籍和注册标记	呼号或识别号	航空器类型	航空器拥有者

设　备	型　号	功率(瓦)	发射类别	频带或指配频率
发信机				
营救发信机				
其它设备				

执照有效期限至:	颁发日期:

附图 2.8　民用航空器电台执照

参考文献

[1] 中国民用航空局政策法规司. 民用航空国际公约汇编[M]. 北京：法律出版社，2019.

[2] 中华人民共和国国家质量监督检验检疫总局. 公差尺寸 英寸和毫米的互换算：GB/T 18776—2002[S]. 北京：中国标准出版社，2002.

[3] 中华人民共和国国家质量监督检验检疫总局. 数值修约规则与极限数值的表示和判定：GB/T 8170—2008[S]. 北京：中国标准出版社，2008.

[4] UNITED NATIONS. Globally Harmonized System of Classification and Labelling of Chemicals[M]. New York and Geneva. 2015.

[5] DALE CRANE. Aviation Mechanic Handbook[M]. Aviation Supplies & Academics Inc, 2011.

[6] LARRY REITHMAIER, RONALD STERKENBURG. Standard Aircraft Handbook for Mechanics and Technicians[M]. McGraw-Hill Education, 2014.